面白くて眠れなくなる化学

左巻健男

PHP文庫

○本表紙図柄＝ロゼッタ・ストーン（大英博物館蔵）
○本表紙デザイン＋紋章＝上田晃郷

はじめに

ぼくがこの本を書いたのにはわけがあります。

化学は面白い!

ズバリ、このことを読者のみなさんにわかってもらいたかったからです。

化学はとても面白くて魅力的で、物質の世界のあらゆることを記述しており、実は身の回りの様々なところでも、その考えや法則は関係しています。

化学で面白いのは、物質の性質や変化の実験だけではありません。化学の本質的な知識は、新しい世界を広げてくれます。

本書では化学の基礎・基本の、多くの人々が学校で学んできた中学校や高校初級の理科の中の化学を素材として取り上げるようにしました。

学校の化学に興味を持てない人が多いのは、その内容が抽象的で実感がわきにくい、わかったという気持ちにならない、生活や人生に無関係で学校から出れば不要な知識だ、などたくさんの理由があるでしょう。

ぼくは、小学校・中学校・高校初級の理科教育を専門にしています。もともと中学校・高校の理科教師でした。理科教師をしているときのモットーが、「家族の食事のときに、その日の授業の話題で盛り上がるような授業をしよう」でした。

理科の授業を通して、知って得をした、知って感動をした、知って心がゆたかになった、考えてわくわくした……というような気持ちを持ってもらえるといいなと思っていました。本書は、そんなぼくの化学にまつわる「とっておきのはなし」を文章化しています。

科学は、不思議なドラマに満ちた世界を少しずつ解明してきました。自然の世界の扉を少しずつ開いているのです。まだまだわからないこともたくさんありますが、わかってきたこともたくさんあります。

理科教育の専門家として、そのわかってきていることとの、さらに基礎・基本の中からテーマを取り上げて、「ほら、もう一歩、こんなことまで考えれば面白いでしょ⁉」といいたいのです。

本書を読んで、「この場合はどうなのだろう？」「あの場合はどうなのだろう？」などと新しい疑問がわいてきたとしたら、ぼくの試みは成功かもしれません。例えば、ぼくたちにとって身近な「食塩」の主成分の「塩化ナトリウム」は、ナトリウムと塩素からできています。

実は、そのナトリウムは水の中に投げ込むと、化学反応で爆発を起こす物質です。塩素は、毒ガス兵器に使われた毒性の強い物質です。それらが化学変化で一緒になることで、普段私たちが当たり前に使っている調味料＝（イコール）食塩になるのです。その食塩も量によっては、中毒を起こすことがあります。

このような発見、驚きを提供することで、感動する理科、心をゆたかにする理科を目指して、さらに研究していきたいと思っています。

左巻健男

面白くて眠れなくなる化学

目次

はじめに 003

Part 1 スリリングな化学のはなし

ドライアイスを密閉すると危険 014
爆発とは何だろう？ 018
ガス爆発が起こる理由 022
ダイナマイトとノーベル 028
ロウソクの火が消えると酸素はどうなる？ 036
ダイヤモンド火で松茸を焼く!? 040

一酸化炭素中毒の恐怖 052

Part 2

面白くて眠れなくなる化学

毒物の代表——青酸化合物とヒ素 058
水を飲み過ぎるとどうなる？ 064
「しょう油をがぶ飲みすると死ぬ」は本当？ 072
マムシ・マダコ——怖い生物毒 078
毒ガスを開発したユダヤ人化学者 084
コーラを飲むと歯や骨が溶ける？ 092

Part 3

思わず試したくなる化学

「温泉」「入浴」をめぐるウソ・ホント 096
「アルカリ性食品は身体によい」はウソ 106
折り紙の銀紙は金属？ 114
カルシウムは何色？ 124
ケーキの銀色の粒の正体は？ 128
ファーブルが語る化学の魅力 134
超入門――酸とアルカリ 148

「紅茶にレモン」で色変わり 152
缶詰のみかんのひみつ 158
殻を酢で溶かして「ぷよぷよ卵」 162
洗濯糊で「手作りスライム」 170
カルメ焼きの化学 176
輪ゴムができるまで 188
水に沈む氷 196
おわりに 204
文庫版あとがき 206
参考文献 209

本文デザイン＆イラスト　宇田川由美子

Part 1

スリリングな化学のはなし

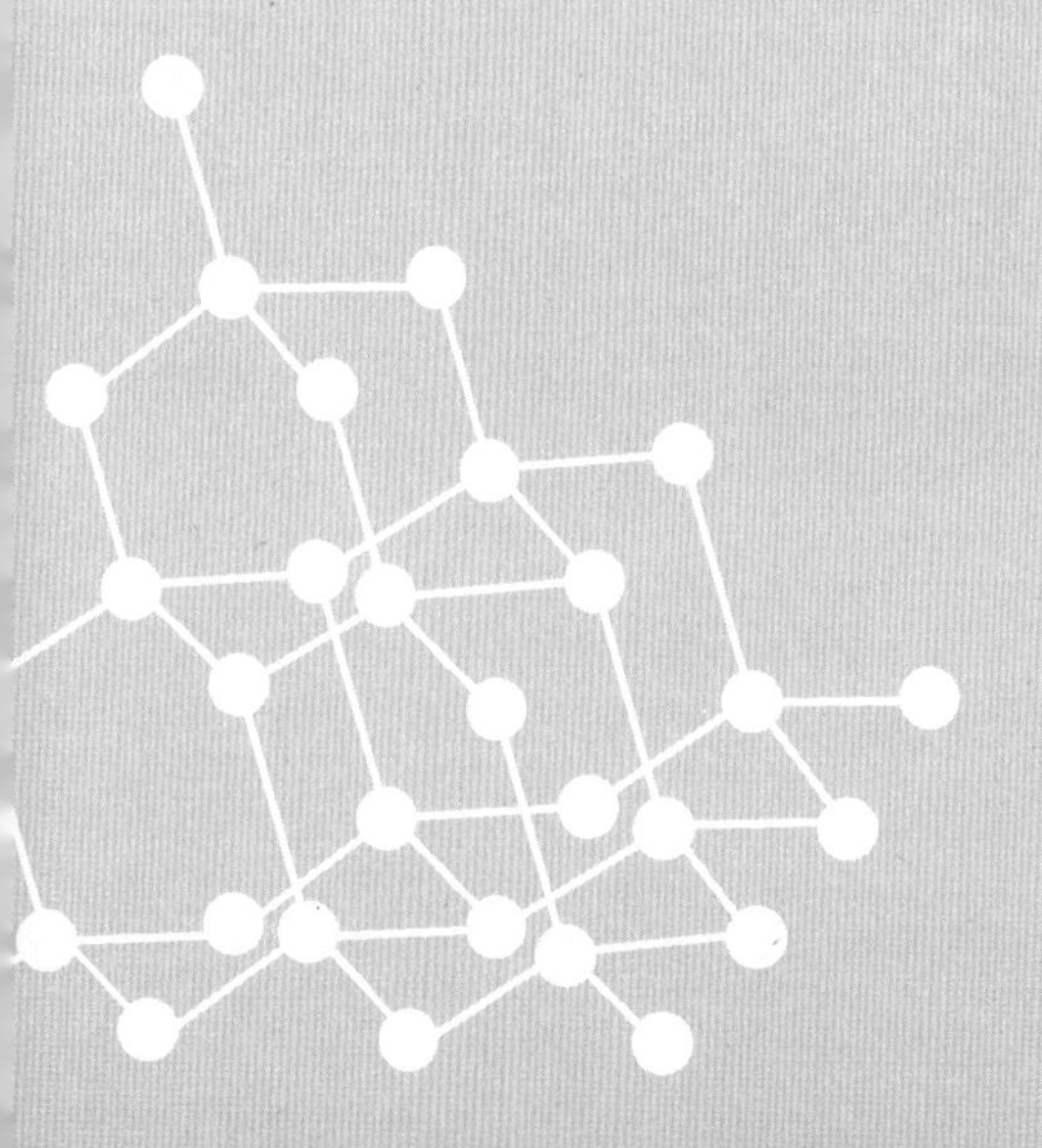

ドライアイスを密閉すると危険

ドライアイスの爆発事故

アイスクリームなどを冷やすのに使うドライアイス。とても冷たい白色の固体で、およそマイナス七九℃です。ドライアイスは、二酸化炭素（別名：炭酸ガス）の固体です。名前の通り、液体を経ないで気体になってしまいます。

子どもたちを中心に、ドライアイスをガラス瓶に入れてふたをしたために破裂してガラス破片が飛び散るという事故がよく起こっています。ガラス瓶だけでなく、ペットボトルでも危険です。

最近は、ガラス瓶よりペットボトルのほうが身近なので、ペットボトルの破裂事故が増えています。ペットボトルにドライアイスを入れてふたをして振っていたところ破裂して、飛んだ破片が身体に突き刺さるという事故です。ときには目に刺さって失明することもあります。

◆やってはいけない！　容器にドライアイス密閉

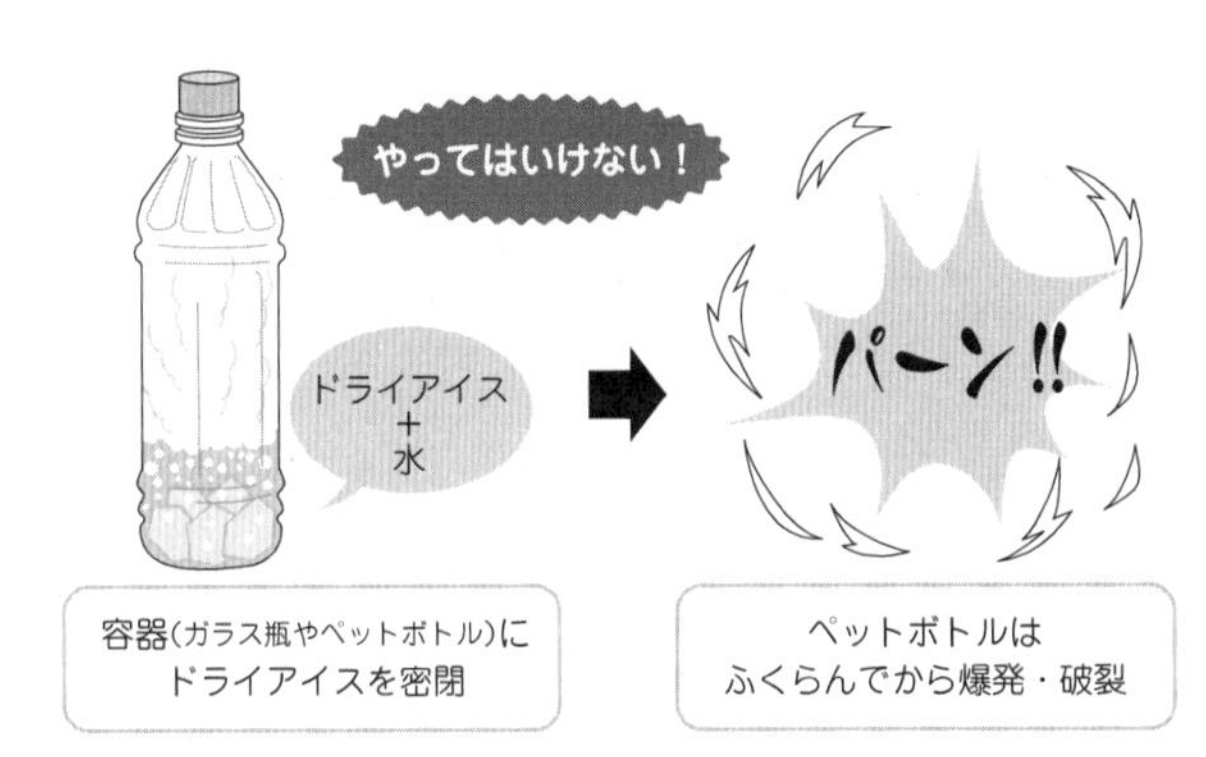

内部の圧力が増大して破裂

一般に固体や液体は、気体になると数百倍から千数百倍の体積になります。

ドライアイスは室温でどんどん固体から気体になっています。そのため体積が増えるので、ペットボトルに入れて密閉すると内部の圧力が増大します。とくにボトルの内部でドライアイスが接触しているところは、低温になるために次第にペットボトルが弾性を失うので破損しやすくなります。

非炭酸飲料用ペットボトルよりも炭酸飲料用の耐圧ペットボトルのほうが、高い圧力に耐えられますが、それでも私たちのまわりの気圧（一気圧）の約一六倍までです。

◆炭酸飲料用ペットボトルの耐圧のしくみ

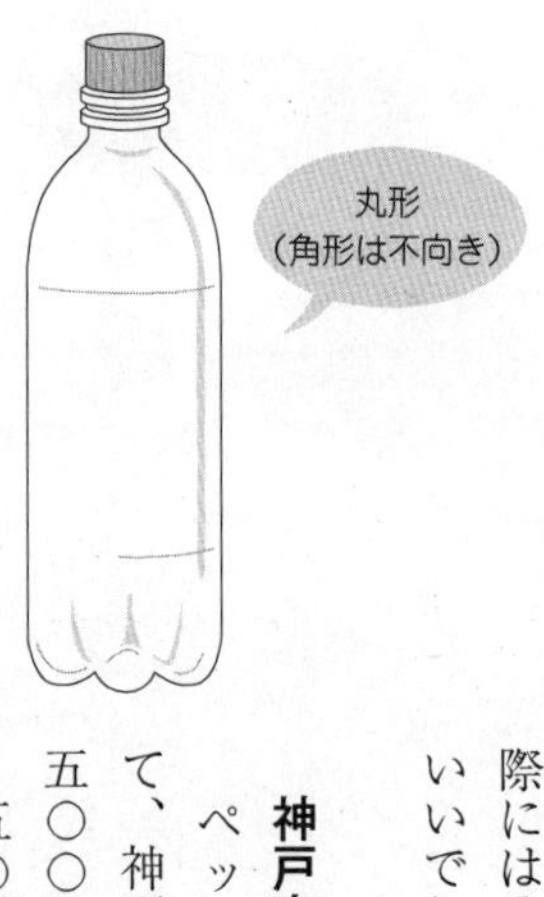

それも「新品のペットボトルで、工場で中身を入れるとき」という条件ですから、実際にはそこまで耐えられないと考えたほうがいいでしょう。

神戸市消防局の実験

ペットボトルの破裂事故の増加を受けて、神戸市消防局が行った実験があります。

五〇〇ミリリットルのペットボトルに四〇～五〇グラムのドライアイスと、三〇〇～四〇〇ミリリットルの水を入れ、それぞれ条件を変えて爆発実験を行いました。

その結果、破裂までに要した時間は、七～四十四秒でした。「パーン」という大音響とともに破片が四方に飛び散ったということです。

ドライアイスを容器に入れて密閉することはとても危険なので、絶対にしてはいけません。

爆発とは何だろう？

爆発という現象

ぼくは、これまでに様々な化学実験をしてきました。ときには、ヒヤリとしたこともあり、もう少しで事故になるところだったこともあります。

工業高校工業化学科の生徒時代からはじまって大学院生時代まで、化学の実験に親しんでいましたし、中・高等学校の教員になってからも、生徒たちに面白い現象を見せたいと思っていました。

「芸術は爆発だ！」ではありませんが、「化学は爆発だ！」などと思っていたことがありました。

それでは、爆発とはどんな現象なのでしょうか——。

化学的に考えてみましょう。

ドライアイスを密閉したガラス瓶やペットボトルに入れたときの爆発のほかに

◆自動車のガソリン・エンジン

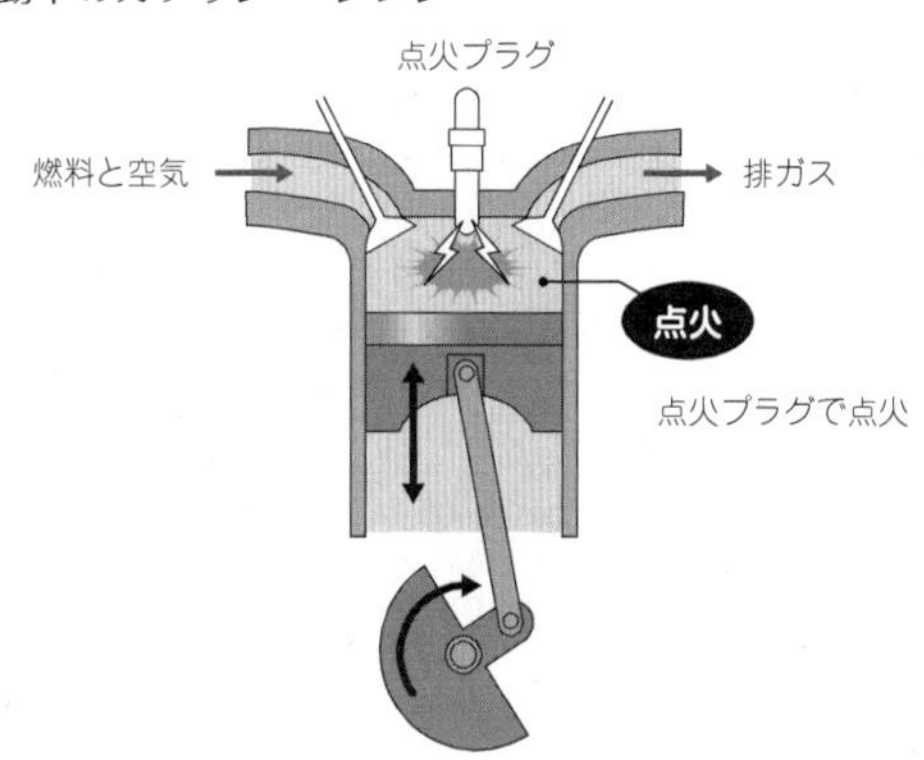

も、スプレー缶やカセットコンロ用ガスボンベが加熱によって爆発して、大きな音を立てて容器が破壊される場合もありますし、時折ニュースになるガス爆発事故の場合は、ひどいときには大きなビルや商店街が壊滅して、多数の死傷者が出ます。

これらに共通しているのは、「何らかの原因で、急激に圧力が上昇し、体積が増大して、容器などの破壊や音、光などを伴って圧力が解放された」ということです。

爆発は、うまくコントロールできれば「圧力による膨張」を仕事として利用することができます。一度に多量の熱膨張が起こるので、きわめて効率のよい仕事ができるのです。

例えば、自動車（ガソリン車）は、圧縮したガソリンと空気の混合物に点火して爆発を起こさせてエンジンを動かして走ります。ダイナマイトなどの爆薬は、土木工事や鉱山から鉱石を取り出すために岩を壊すようなときに用いられています。

物理的爆発と化学的爆発

爆発は、その起こるプロセスにより「物理的爆発」と「化学的爆発」に分けることができます。体積の増大（＝圧力の上昇）の原因が、気体や液体の熱膨張や状態変化（物質が固体状態、液体状態、気体状態の間で変化）などの物理的な原因の場合を「物理的爆発」、物質の分解や燃焼のような化学変化が原因の場合を「化学的爆発」といいます。

スプレー缶やカセットコンロ用ガスボンベが熱膨張で爆発する場合、水蒸気を発生させるボイラーの爆発の場合などは、物理的爆発になります。

火山の爆発も物理的爆発です。火山の爆発は、気体を含んでいるマグマが上昇したときに急激な圧力減少で気体が急膨張したり、地表の水や地下水と触れ合って水が気化し急膨張したりすることが原因です。

急激な燃焼としての爆発

化学的爆発の代表は、気体の発生を伴う一種の燃焼が一度始まったら少なくとも燃える物があるかぎり、その燃焼速度がどこまでも際限なく大きくなっていくような爆発です。

例えば、ＬＰガスや都市ガス（多くの場合、主成分はプロパンガスやメタンガス）が漏れて、たまったところに引火したときのガス爆発がそうです。

学校の実験でよく行う水素と空気（酸素）の混合物に点火すると起こる爆発、また火薬や爆薬の爆発、小麦粉や石炭粉のような可燃性の粉塵（ふんじん）が空気中に浮遊しているときに起こる爆発（粉塵爆発）もその仲間です。

ガス爆発が起こる理由

燃える気体にロウソクの火を入れる

曲げた針金の先に小さなロウソクを立てて、空気の入った瓶（牛乳瓶など）にこれを入れても、ロウソクは瓶の中で燃えています。それでは、二酸化炭素の入った瓶にロウソクの火を入れるとどうなるでしょうか。瓶の口から少しでも下にいくと、火はすぐに消えてしまいます。

つまり、二酸化炭素の中では、モノが燃えないことがわかります。

次に、瓶の中に台所のガスやガスライターのガスなど、燃える気体を入れたところにロウソクの火を入れるとどうなるでしょう。ロウソクと針金以外に、少し深めのたらい、牛乳瓶、ガスライター補充用のボンベ、ぬれた紙を用意します。

たらいに水を入れて、水をいっぱいに入れた瓶の口を手のひらで押さえて、逆さまに立てておきます。

◆燃える気体にロウソクの火を入れる

そこにガスライター補充用のボンベからガス（主成分はブタンガス）を送り込みます。水を押しのけて瓶の中がガスでいっぱいになると、瓶からガスが泡になって出るようになります。そのあとは、瓶の口を手のひらで押さえて取り出して、ぬれた紙でふたをします。

この中に、ロウソクの火をそっと入れるのです。

ロウソクの火が近づくと、瓶の口から炎があがります。ガスが燃えたのです。炎は少しずつ下に降りていきます。それでは、ロウソクの火はどうなったでしょうか。

瓶の中でロウソクの火は消えています。ガスは燃えても、その中ではロウソクは消え

◆水素にロウソクの火を入れると……

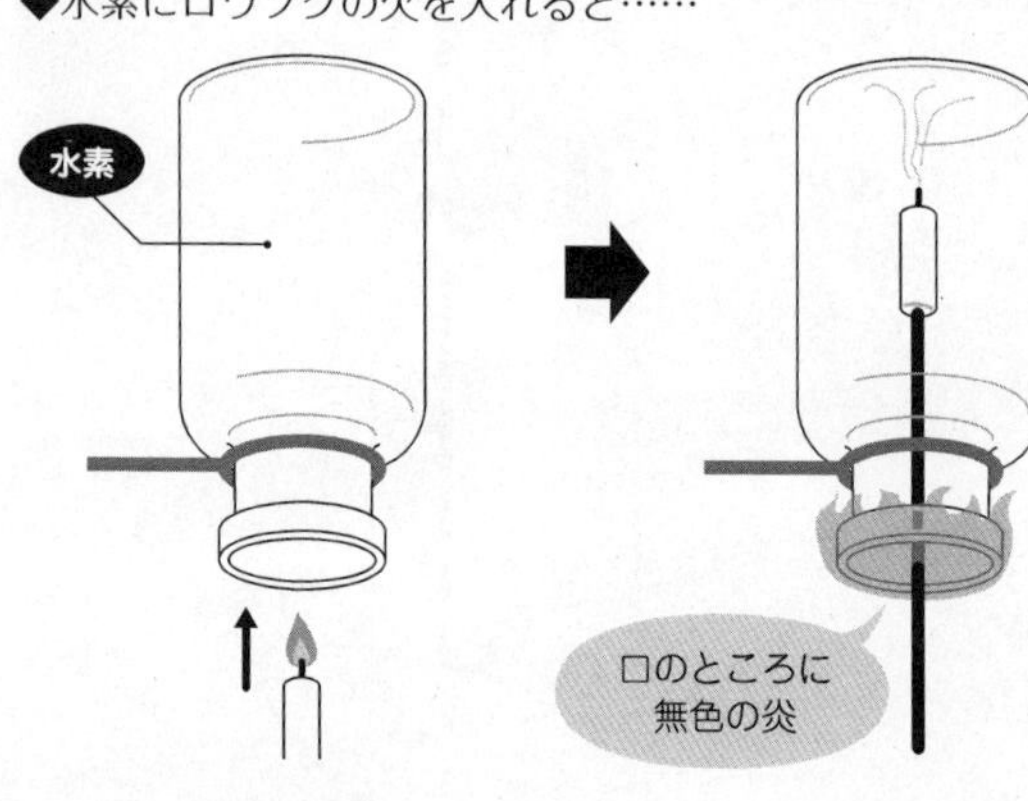

てしまうのです（注意：瓶の中にガスと空気が混じった状態で火を入れると爆発する可能性がありますから、瓶の中は全部ガスになるように水と置換して集めます）。

瓶の口付近には空気中の酸素があるのに、ガスの中には酸素がなかったからです。

瓶に入れた水素に火をつける

上の図をご覧下さい。水素だけでいっぱいにして逆さにした瓶に、下から火のついたロウソクを口に入れるとどんなことが起こるでしょうか。「瓶に入っているのは一〇〇％の水素だから、激しく爆発するだろう」と考える人がいますが、実際に試してみると、瓶の中に入れたロウソクの火は消えてしまいま

◆爆発限界

可燃性ガス	爆発限界（空気中）（容量%）
水素	4.0 ～ 75
アセチレン	2.5 ～ 81
メタン	5.3 ～ 14
プロパン	2.2 ～ 9.5
メタノール（気体）	7.3 ～ 36
エタノール（気体）	3.5 ～ 19
エチルエーテル（気体）	1.9 ～ 48
ガソリン（気体）	1.4 ～ 7.6

す。

水素だけだと酸素がないので、ロウソクは燃え続けることができないのですね。瓶の口をよく見ると、その付近で水素が燃えている（無色の炎）という状況になります。つまり、爆発はしないのです。

爆発限界とは？

可燃性気体と空気の混合物に点火したときには、「爆発するかどうか」の組成（可燃性気体の空気中の割合）の範囲があります。水素は四・〇～七五％、メタンは五・三～一四％、エタノール（気体）は三・五～一九％の範囲です。

このような範囲を爆発限界、または燃焼

限界といいます。爆発が起こる組成範囲に着目する場合は「爆発限界」、ガス流が燃える組成範囲に着目する場合は「燃焼限界」といいます。メタンと比べると、水素の爆発限界が広い（爆発しやすい）ということがよくわかりますね。

都市ガスは臭いをつけている

都市ガスは天然ガスが主な原料で、主成分はメタンです。爆発限界があるので、もしもガスが漏れて火がついても、すぐには爆発しません。もともとのガスには臭いがないのですが、ガス漏れがすぐわかるように微量でも臭うターシャリーブチルメルカプタンなどの物質が添加されています。それでも、ガス爆発事故は、人身被害がないものまで含めると毎日のように起こっています。

とくに新しいガス器具を購入した場合は、その使用法をよく理解して使いましょう。事故は購入後一年以内に起こることが多いのです。また、道路に埋設されている本管から家に引き込むガス管が老朽化してガス漏れが起こることがあります。年数が経っている場合には点検しておきましょう。

二〇一一年の東日本大震災時、東京電力福島第一原子力発電所では、水素爆発

が起きました。これは地震と津波により電源を失い、原子炉の冷却ができなくなったからです。

核燃料ペレットは、ジルコニウムという金属を中心とする合金でできた被覆管（ひふくかん）によってカバーされています。このジルコニウムは、中性子を吸収しにくいので使われています。中性子をうまく使って核分裂連鎖反応を起こすためには、中性子を吸収する材料だとまずいからです。

しかし、ジルコニウムは温度が約九〇〇℃を超えると、水と反応して水素を発生させて二酸化ジルコニウムになります。今回の爆発では、このようにして多量の水素が発生したと考えられます。水素は、原子炉から格納容器へ、さらに建屋へと流出しました。

水素は建屋内で空気と混じって四・〇％を超えると爆発限界になり、何らかの着火が起こって水素爆発（水素と酸素が一気に激しく反応）が起きたのです。

ダイナマイトとノーベル

ノーベルのダイナマイト発明

爆発にはダイナマイトが欠かせませんね。ダイナマイトを発明したのは、アルフレッド・ノーベルです。毎年ノーベルの命日である十二月十日に、スウェーデンのストックホルムとノルウェーのオスロ（平和賞）で、ノーベル賞の授賞式が行われます。

ノーベル賞は、アルフレッド・ノーベルがダイナマイトの発明と油田開発で築いた巨万の富の遺産を利用して「過去一年間で人類に対しもっとも貢献した人物」に賞を与えるように遺言したことに基づいています。

ノーベル財団（本部・ストックホルム）が設立され、一九〇一年からノーベル賞の授与が始まりました。最初は「物理学」「化学」「医学・生理学」「文学」「平和」の五部門でスタートしましたが、一九六八年に「経済学賞」が新設され、六部門に

◆ノーベル賞のメダルとアルフレッド・ノーベル

アルフレッド・ノーベル
(1833 ～ 1896)

なりました。

さて、アルフレッド・ノーベルは一八三三年にスウェーデンに生まれました。一八四二年にはロシアのサンクトペテルブルクに移り住みます。

彼の父は爆薬工場を経営していましたがクリミア戦争の敗戦により破産してしまいます。その後彼はスウェーデンに帰国し、当時ヨーロッパで話題になっていたニトログリセリンを使った爆薬の開発をはじめました。ニトログリセリンは無色透明の液状の物質で、叩いたり、熱を加えたりすると、ものすごい勢いで爆発します。

強い爆発力があるので利用価値は高いのですが、運搬や保存が難しい物質でした。彼

◆ダイナマイトと雷管

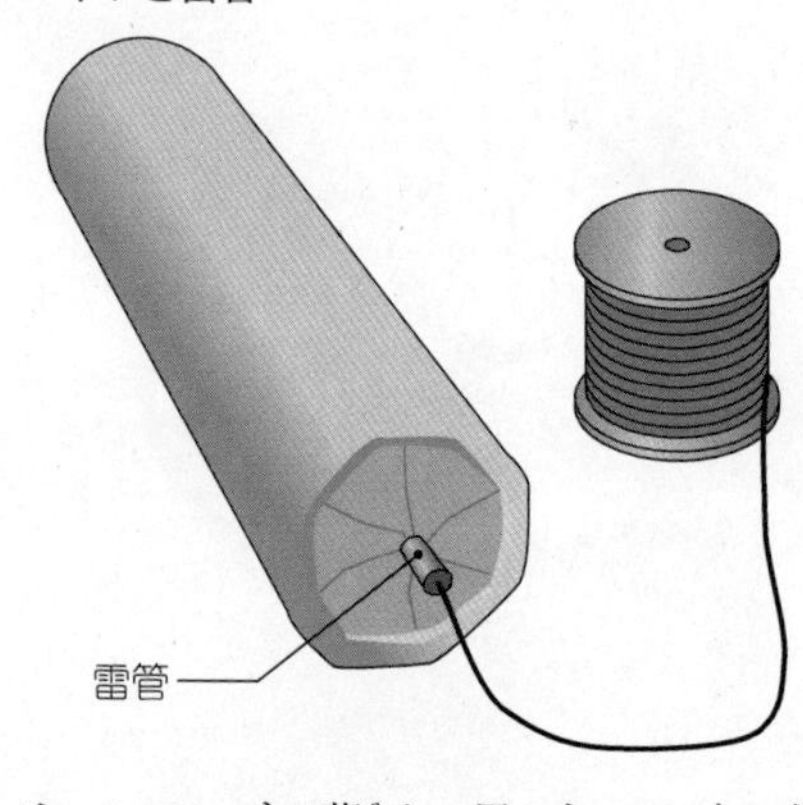

の工場でも大変な爆発事故が起こり、工場の壊滅はもちろん働いていた人たちも何人か死亡しました。その中には、ノーベルの末の弟もいました。

彼の父親はこの事故にショックを受け、まもなく世を去ります。ノーベルは、残った兄弟たちと協力してこの爆薬を安全なものにしようと研究に打ち込みます。まもなく、珪藻土にしみ込ませると安定性が増し、扱いやすくなることを発見しました。ダイナマイトの誕生です。

彼は、ダイナマイト以外にも無煙火薬バリスタイトを開発し、軍用火薬として世界各国に売り込みます。世界各地に約九〇の爆薬工場を経営し、またロシアにおいてはバクー油田を開発して、巨万の富を築いたのです。

ノーベル平和賞を遺言した真意は？

ノーベルは、自分の発明品が戦争に使われるという〝負い目〟を感じていたのでノーベル平和賞を遺言したと思っている人が多いことでしょう。

ところが、彼の考えは違いました。

まだダイナマイトを発明する以前のことですが、彼のもとを訪れた平和運動家ズットナーに語った言葉があります。

「永遠に戦争が起きないようにするために、驚異的な抑止力を持った物質か機械を発明したいと思っています」「敵と味方が、たった一秒間で、完全に相手を破壊できるような時代が到来すれば……」「すべての文明国は、脅威のあまり戦争を放棄し、軍隊を解散させるだろう」

つまり、一瞬のうちにお互いを絶滅させるような兵器をつくることができれば、恐怖のあまり戦争をおこそうという考えはなくなるだろう、とノーベルは考えたのです。

優秀な軍用火薬を開発して各国の軍隊に売り込んだ背景には、彼のそういった考えがあったのかもしれません。

ところが、この考えはノーベル賞創設の遺言にある「国家間の友好関係を促進し、平和会議の設立や普及につくし、軍備の廃止や縮小にもっとも大きな努力をした者」に授与――という平和賞の趣旨と矛盾するように思えます。

ノーベルがこの趣旨の平和賞を思い立った時期には、ズットナーの戦争反対をテーマにした小説『武器を捨てよ!』(一八八九)が欧米で話題になっていました。その小説に感激して平和賞を思い立ったのではないかとも伝えられています。

ニトログリセリンの爆発実験

ぼくは、高校化学の授業で、ニトログリセリンを少量だけ合成して爆発を見せていました。ニトログリセリンは衝撃で爆発しやすく扱いにくいので、ダイナマイトが発明されたことを説明しながら、実験の際には、ぼくがニトログリセリンをつくって見せていました。

試験管の中で合成したニトログリセリンを濾過(ろか)すると、ニトログリセリンは濾(ろ)

◆ニトログリセリンの爆発実験

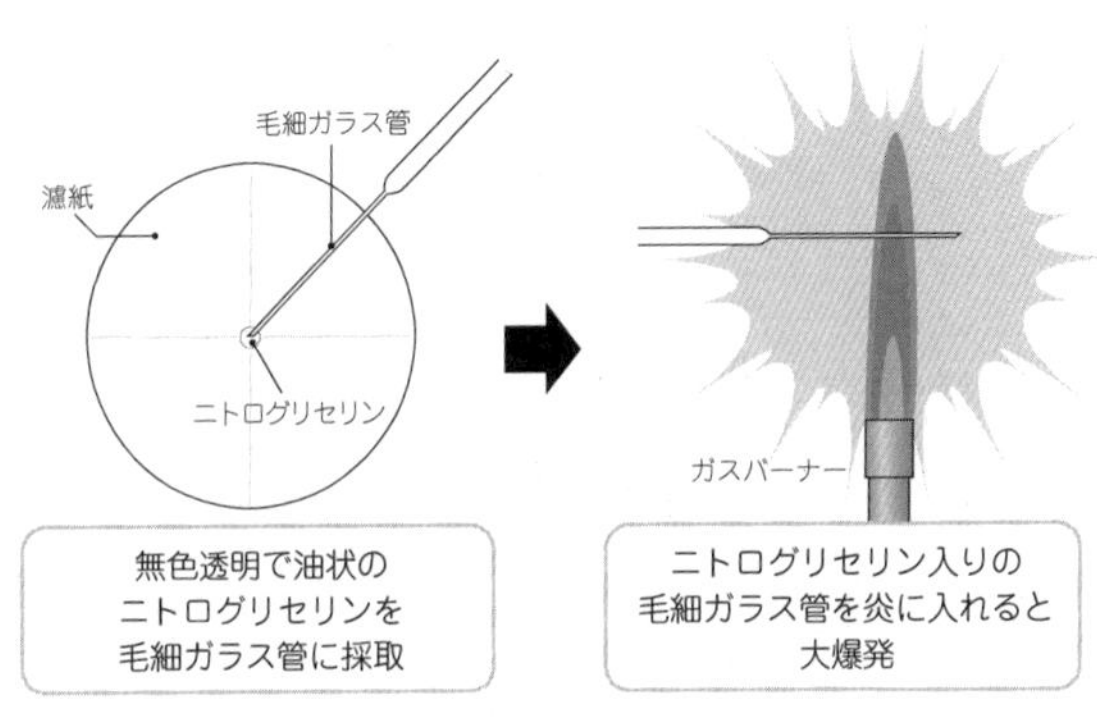

紙上に残ります。

　無色透明で油状のニトログリセリンを毛細ガラス管に吸わせて、その毛細ガラス管をガスバーナーの炎の中に入れるとごく少量にもかかわらず、ものすごい爆発を起こすのです。毛細ガラス管が粉々になって飛び散り、ときには爆風で炎が吹き消されることもありました。

　ニトログリセリンの爆発を見せる際は、ガスバーナーをアクリルの防護板で囲って、ガラスの破片が生徒のほうに飛び散らないようにしなければなりません。また、目を保護するメガネが必要です。

　残ったニトログリセリンがついた濾紙をピンセットではさんで、ガスバーナーに入れようとすると生徒たちが後ずさりします。ニトログリセリンの爆発を見たあとですから当然かもしれません。

しかし、ニトログリセリンは、毛細ガラス管や試験管の中に入れるなど閉じ込めた場合には爆発するのですが、濾紙についた形の開放的な状態ではよく燃えるだけで爆発はしないのです。

ニトログリセリンが心臓を救う

心臓に酸素や栄養を送る冠状動脈の血流が悪くなり、心臓の筋肉（心筋）の酸素不足によっておきる病気を虚血性心疾患といいます。その代表的なものが狭心症と心筋梗塞です。

この狭心症の発作が起きたときや起きそうなときにニトログリセリンを含んだ舌下錠剤がよく効く薬として使われています。

ニトログリセリン製造工場に勤務していた狭心症を患う従業員が、工場では発作が起きないことから発見されたとのことです。

狭心症の発作に効果があるのは、ニトログリセリンが体内で分解されてできる一酸化窒素が血管を拡張する働きを持つからです。このメカニズムの発見により、米国のファーチゴットらが一九九八年のノーベル医学・生理学賞を受賞しています。
もちろん、ニトログリセリン錠剤は添加剤を加えて爆発しないように加工されていますから、「その錠剤を持った人に近寄ると危険！」ということはありません。

【参考文献】ニトログリセリンの合成は、阪上正信他『たのしい化学実験 化学史でたどる』（講談社ブルーバックス）

ロウソクの火が消えると酸素はどうなる？

火のついたロウソクに瓶をかぶせる

ロウソクと燃焼。学校でもよく行われる実験です。

厚紙にロウソクのロウを少したらしてロウソクを立てます。ロウソクに火をつけたら、瓶を上からすばやくかぶせます。すると、牛乳瓶なら数秒で火が消えてしまいます。

様々な大きさのガラス瓶を用意して、火が消える時間を比べると、瓶が大きくて空気がたくさんあるほうが火は長持ちします。燃焼とは、モノと酸素が熱や光を出しながら激しく反応することです。酸素がたくさんあるほうが長く燃えるのですね。

空気には、約二〇％（乾燥空気中に約二一％）の酸素が含まれています。それでは、瓶の中で火が消えたとき、瓶の中の酸素は何％になるのでしょうか。

◆火のついたロウソクに……

「火が消えたのだから酸素がなくなった」

このように考える人がとても多いのですが、実は酸素が約一六〜一七％になったときに、ロウソクの火は消えているのです。

モノが燃えるには、三つの条件が必要です。

一、燃えるモノ
二、酸素
三、燃え続けるための温度

「二」が減っていくと、発熱量が減り、「三」を維持できなくなるのです。

私たちの吐く息（呼気）も、酸素が約一六〜一七％になっています。たき火に息を吹き

◆ロウソクの火が消えると……

かけると勢いよく燃え上がるのは、息の周りの新鮮な空気を巻き込んで火に送っているからです。

ロウソクに息を吹きかけると火が消えるのは、燃えているロウの蒸気を吹き飛ばした結果、「二」がなくなるからです。

よく見かける間違った説明

たらいに浅く水を張っておきます。水に浮く発泡スチロール板の上に小さなロウソクを立てて、火をつけます。ガラスの瓶をロウソクにかぶせます。

しばらくするとロウソクの火が消えます。すると、瓶の中を水が上がってきます。

この実験で、「瓶の中に上がった水は、瓶

の容積の約二〇％くらい。これは、酸素が全部なくなり二酸化炭素ができて、その二酸化炭素が水に溶けたので水が上がったということ。この実験から空気の約二〇％が酸素だとわかる」という説明を見かけることがあります。

しかし、この説明は大きく間違っています。

実はロウソクの火が消えたときでも、まだ酸素は約一六〜一七％残っています。二酸化炭素は水に溶けやすい気体ですが、水にすんなりと溶けてしまうわけではありません。よく振り混ぜないと溶けていきません。

それなのに、水が上がってくる（瓶の中の気体の体積が減っている）のは、なぜでしょうか。

これは、気体が温まると膨張して、その後冷えると収縮するからです。

火がついたロウソクの周りの空気はその火で温まり、膨張します。膨張した空気のところに瓶をかぶせたことになります。また燃えている間、瓶の中の空気はさらに膨張して、瓶から空気が出ていったりします。火が消えると冷えてきて、気体の体積は縮んできます。そのぶん、水が上がったということです。

ダイヤモンド火で松茸を焼く⁉

ダイヤモンドを燃やしたい！

もう十年余りも前の話です。ぼくは、中・高等学校の理科の授業で「ダイヤモンドを燃やして、生徒たちに見せたい！」と考えていました。

というのも、中学校の化学分野や高校化学の授業で「ダイヤモンドは、炭素原子だけからできている」という話を何度もくり返してきたからです。「だから、ダイヤモンドを燃やすと全部二酸化炭素になる」と。そのとき、ぼくは頭の片隅で「自分でやってみたこともないくせに、さも見たような話をしているなあ」と、心がちくちくしたことを覚えています。

話だけではなく実際にやって見せられないか――。

そこで、パソコン通信（当時）やインターネットなどはもとより直接会った中学校・高校の理科教師にも「ダイヤモンドを燃やしたことはあるか」と聞いて回りました。授業の「話」としてはよく取り上げられている内容ですが、実際に自分が燃やしてみたという人はいませんでした。

そうなると、よけい何とか燃やしてみたいと思うものです。

原石の入手

まずダイヤモンド原石の入手です。

どうしたらダイヤモンドを入手できるでしょうか?

ぼくは、ダイヤモンドの業界団体に電話をかけて、そのつてで、ダイヤモンドの輸入業者を紹介してもらいました。輸入業者のオフィスで、実際に原石を見せてもらい、ダイヤモンド原石を手にすることができました。

最初は、五センチメートル四方ほどの小さなポリ袋に粒ぞろいのダイヤモンド原石がざくざく入っているのを見せられました。「これは一袋でおいくらですか」と聞くと、二〇〇万円という答えです。

ダイヤモンドの原石が一〇〇個入っているとしたら一個二万円です。「もっと安いものはないですか」と頼み、出されたものから選んでいると「先生、無料でいいですよ」という話になりました。いただいたのは、〇・〇五グラム程度の無色透明のダイヤモンド原石を一〇個ほどです。

「ダイヤモンドは炭素。原石が入手できたのだからあとは燃やすだけだ」と、気楽に考えていました。

ダイヤモンドは簡単には燃えない！

早速、ガストーチでダイヤモンドを強く熱しました。しかし、びくともしません。ダイヤモンドは、赤熱状態（真っ赤になるまで熱した状態）になるものの、加熱を止めればスーッと元の状態に戻っていきます。

「それならば」と、強く熱した直後に酸素ガスを吹きかけてみました。空気中では簡単に燃えなくても、酸素ガスの中ならば燃えるだろうと考えたのです。しかし、ダイヤモンドは相変わらずびくともしないのです。こうして、ダイヤモンドは簡単には燃焼しないことがわかりました。

　そこで、パソコン通信やインターネットで、様々な情報を集めました。そのうち地球化学の分野で、小嶋稔・東大名誉教授が講義の中で「加熱したダイヤモンド

◆ダイヤモンドの構造

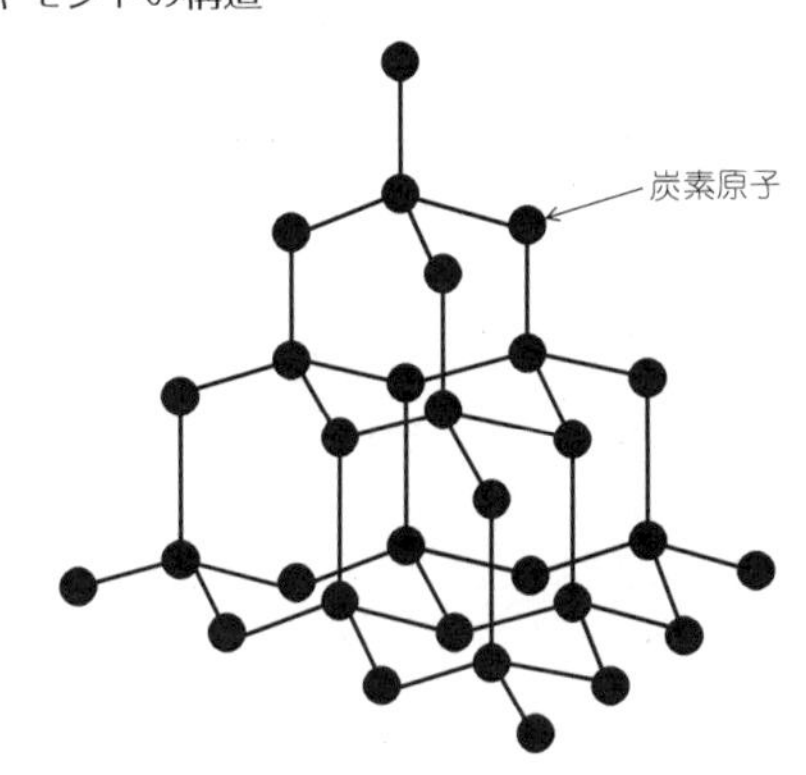

原石を液体酸素に投げ込む」という方法でダイヤモンドの燃焼を行っていたことを知りました。

さらには、私立保善高校の和田志朗教諭（当時）が、ダイヤモンドの燃焼に成功しているという情報を知り、和田教諭にも協力を要請しました。

一度はダイヤモンドを燃やしたという和田さんも、私たちの前では燃やすことができませんでした。彼の方法は、備長炭にくぼみを掘り、そこにダイヤモンドを入れて、強く熱して真っ赤になったら加熱を止めて、すぐに酸素ガスを吹きかけるというものでした。

ダイヤモンドを入れたパイレックス（耐熱性硬質ガラス）の試験管に酸素ガスを流しな

がら熱しても、試験管に穴が開くだけです。失敗に次ぐ失敗でした。

ダイヤモンドは、四本の結合の手を持った炭素原子が、お互いにその手をつないで三次元的に強固に結合した巨大分子です。簡単には酸素原子と結びつき、二酸化炭素になって離れていってくれない（燃えない）のです。

ついに燃えた！

しかし、ダイヤモンドは燃えないわけではありません。フランスの化学者アントワーヌ・ラボアジエは、太陽光をレンズで集めて燃やしたといいますし、英国の物理学者マイケル・ファラデーもダイヤモンドを燃やしたという記録があります。『岩波理化学辞典』の「炭素」には、「ダイヤモンドは七〇〇〜九〇〇℃で酸素と反応する」とあります。燃焼が始まる温度まで加熱できていないのならば、熱が逃げにくい状態で試してみようと考えました。

砂皿の上に三角架のセラミックの筒（ダイヤモンド原石がすっぽり入るように穴を広げた）を立て、ダイヤモンドを置き、ハンドバーナー（炎の温度が約一六五〇℃と説明書きにはある）で強く熱してから、酸素ボンベからの酸素ガスを吹きかけるという方法です。これならば、熱を逃げにくくして高温を保ってから酸素ガスを吹きかけることができると考えました。

熱していくと、ダイヤモンドはついに発火！

白く輝きながらダイヤモンド原石が燃えていきます。いったん発火したあとは、酸素ガスを吹きかけ続けると燃え続けたのです。

「酸素ガスを用いた場合、ダイヤモンドはいったい何度で燃え出すのだろう？」ぼくは、気になりはじめました。

そこで、熱に強い「石英試験管」を使って燃え出す温度を調べてみることにしました。石英試験管は、東京大学海洋研究所技官のガラス細工名人に石英管から製作してもらいました。石英管の製作現場を見ると、試験管の底を閉じて丸めるときに、細い石英管で形の調整をしています。

ぼくは、それを見て閃き（ひらめ）ました。「この細い石英管の中にダイヤモンド原石を入れて酸素ガスを通しながら熱すれば、炎の高温部分に包まれて発火しやすいのではないだろうか」。

まず、石英試験管にダイヤモンド原石と電子温度計のセンサー部分を入れ、酸素ガスを流しながら熱して燃え出す温度を調べると、八〇〇℃を超えています。

次に、細い石英管にダイヤモンド原石を入れて酸素ガスを通しながら熱しました。理科室にあるふつうのガスバーナーの炎の高温部分で原石のあたりを包んでやると、発火したのです。生成した気体を石灰水に導くと白く濁りました。つまり、二酸化炭素が発生したということです。

《ダイヤモンドを燃やす方法》

①小型の酸素ボンベ（あるいは酸素入りポリ袋）と石英の細管をつなぎ、石英の細管にダイヤモンド原石を入れて、細管をさらにゴム管付きガラス管につなぎ、ガラス管を石灰水に入れる（石英の細管には先を丸めた太めの針金を押し込んでおくと良い。酸素ガスを送り込むときの風圧で原石が飛んでしまうことがある）。

②少しずつ酸素ガスを送りながら、ダイヤモンド原石を熱する。

③ダイヤモンド原石が燃え出したら、熱するのを止める。炎をあてて赤熱状態になっているときと燃え出したときは見た目が変わる。燃え出したら、原石全体が白く輝くようになる。加熱を止めても原石は燃え続ける。石灰水は白く濁る。

◆細い石英管にダイヤモンドを入れて酸素を流しながら加熱

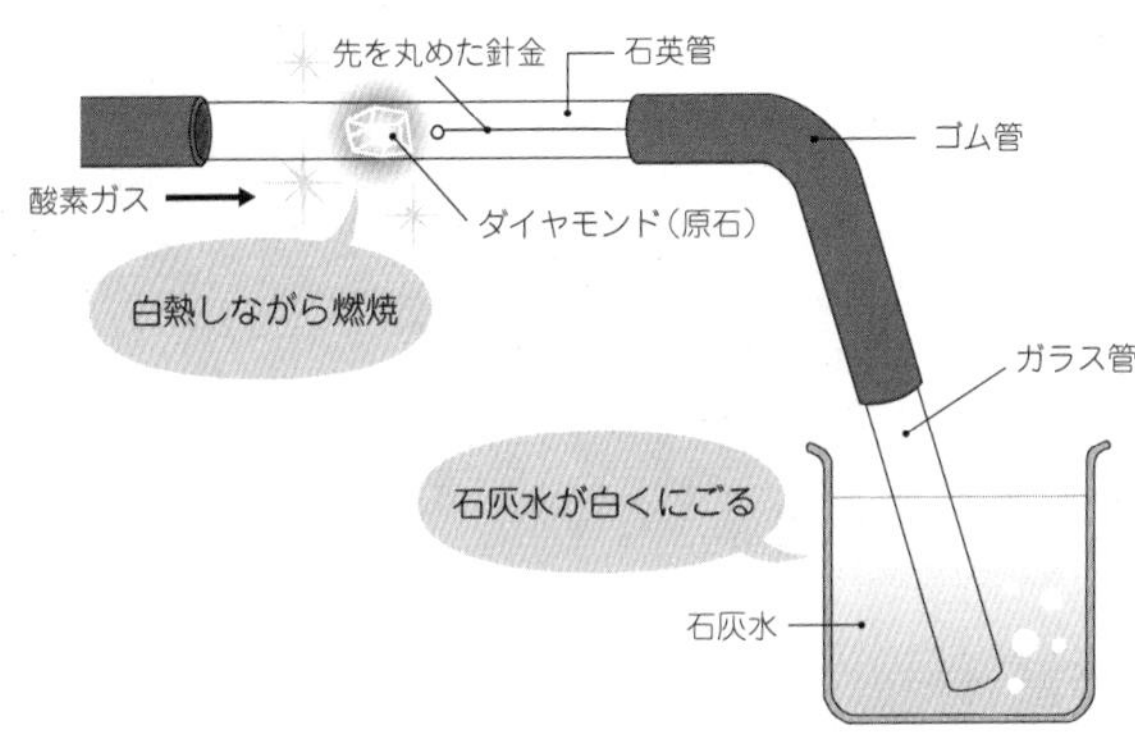

燃え尽きる。

こうして、ダイヤモンドの燃焼は成功しました。

ちょうど、インターネット上の『化学教育ジャーナル』への投稿を求められていたので、このプロセスを論文にして投稿しました。左巻健男「ダイヤモンドの燃焼の教材化」(http://www.edu.utsunomiya-u.ac.jp/chem/v2n2/samaki/) です。

※ダイヤモンド燃焼を行おうとするときは、ダイヤモンド原石や細い石英管の入手がネックになります。幸いにも、理科教材業者のナリカで市販教材にしてもらえました。「ダイヤモンド燃焼実験セット」です。石英管とゴム管、それにダイヤモンド原石二個付きのセットです。原石も補充可能です。

「松茸をダイヤモンド火焼きで食べたい」

最近では、ダイヤモンド一個を燃やすのは教材を入手すれば簡単にできるようになりました。しかし、そこに難題が降ってきました。あるテレビ番組に視聴者の小学生から依頼が来たのです。

「鉱物図鑑を見ていたら、ダイヤモンドのところに〝炭素でできている〟と書いてあった。それなら炭と同じように燃えるのでは……。ぼくが大好きな炭火焼きの松茸をダイヤモンド火焼きで食べたい！」というのです。

当然ですがこの小学生は、ぼくが一個のダイヤモンドでさえ、大変な努力の末に燃やしたということを知りません。ダイヤモンドを燃やすだけでも大変なのに「ダイヤモンドを炭火のように燃やして松茸を焼いて食べたい」というのです！

ダイヤモンド一個を燃やすことは、もう簡単です。しかし、松茸が焼けるほどの熱量が出るくらいに、多量のダイヤモンドをどう燃やせばいいのか。

その番組の制作プロダクションのアシスタントディレクターさんからは頻繁（ひんぱん）に電話がかかってきます。「小型の七輪を用意しました！」「ダイヤモンドも、切削工具の専業メーカーからご提供いただけることになりました！」「どうすれば七輪で燃やせますか？」などなど……。

そう言われても、ぼくはそこまで多くのダイヤモンドを同時に燃やすことは未経験です。あとは挑戦するしかないのです。

ダイヤモンドを空気中で燃やすにはかなりの高温が必要です。酸素ボンベを用意してもらうことにしました。酸素ガスの中ならば、ダイヤモンドを燃やせるからです。

撮影当日、タレントさんと依頼者の親子が、七輪の中に入れたダイヤモンドの集まりにバーナーで強い炎を吹きかけましたが、びくともしません。

そこに、ぼくが「ダイヤモンドを燃やす名人」として登場するというわけです。

七輪の下部にある空気の出入り口に酸素ボンベからのビニール管を差し込み、酸素ガスを送り込みました。しかし、ダイヤモンドがぎっしり入っているので酸素が上のほうに来ません。

バーナーで上のほうのダイヤモンドに加熱すると、下部のビニール管に熱が伝わったようで、七輪から大きな炎が上がりました。酸素ガスがあるために、ビニール管が激しく燃え出したのです。幸い、すぐに酸素ガスを止めたので大事には至り

◆ダイヤモンド火で松茸を焼いた！

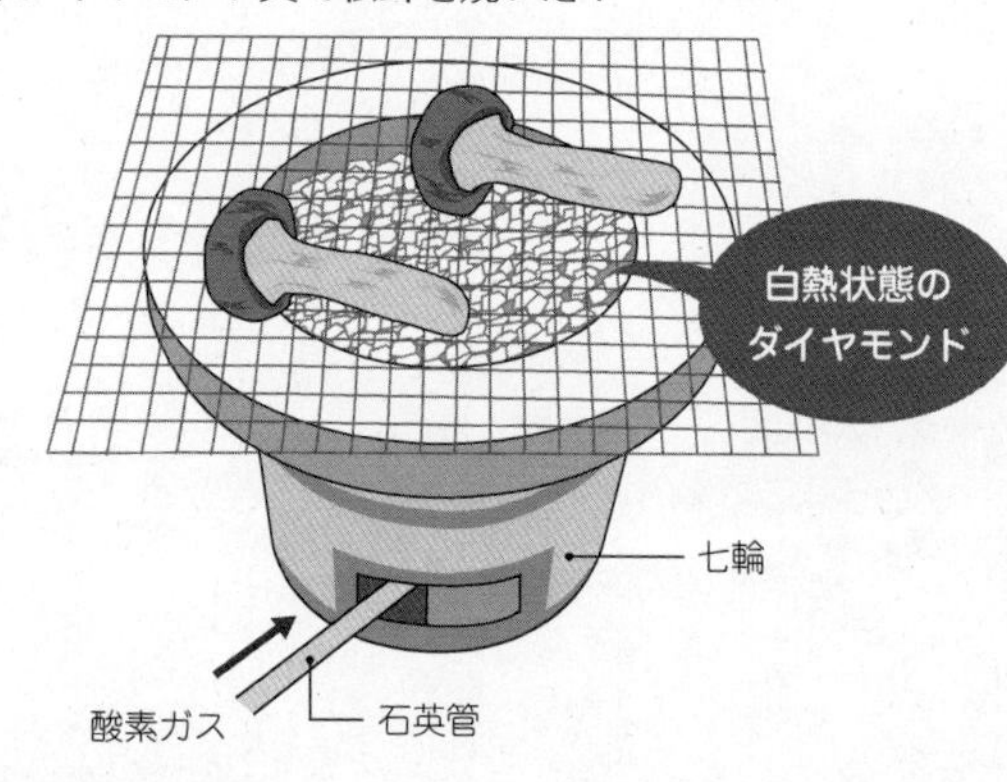

ませんでした。

酸素ガスが七輪の中に入る部分は石英管にして、ダイヤモンドも上部に一重か二重程度に並べることにして再開。

「燃えているよ！」

バーナーの火を遠ざけてもダイヤモンドの一部が赤熱状態になっています。

もちろん、松茸を焼いておいしく食べました。

ぼくは、協力してくれた切削工具の専業メーカーでつくっている人工ダイヤモンドにも興味をもちました。宝石用ではなく、窒素の影響で無色透明ではなく色がついていますが、直径一〜二ミリメートルはある粒ぞろいです。撮影に使ったぶんでベンツ数台分の値段にはなったということです。ベンツ数台分の値段のダイヤモンドを燃やして焼いた松茸を食べることは、なかなかぜいたくな経験でした。

一酸化炭素中毒の恐怖

ガス管自殺の昔と現在

かつては、ガス管自殺はよく聞くニュースでした。昔は台所のガスとして都市ガスに一酸化炭素を含んだものが供給されていたので、ガス管を口にくわえて自殺する人が多かったのです。

しかし、現在では日本国内で供給されているガスには一酸化炭素を含むものはありません。それにもかかわらず、ガス管をくわえて自殺を図る人がいるようです。その場合は、（ガスだけを吸って空気をまったく吸わなければ、酸欠で死ぬこともありますが）いつまでたっても死なないことが多いのです。

結果として、タバコを吸うために火をつけたり、冷蔵庫を開けてモーターのスイッチが入り火花が飛んだりして、爆発事故になることがあります。爆発限界になると、静電気やスイッチが入ったり切れたりするときの火花などで爆発が起こります。

怖いのは一酸化炭素中毒

家庭のガスや灯油の燃焼で怖いのは一酸化炭素中毒です。

一酸化炭素は、無色・無臭・無味でその存在を感じることがとても難しい気体ですが、毒性は強力です。とくにストーブなどを使う冬場に一酸化炭素中毒による死亡事故がよく起こっています。

一酸化炭素は、ものが燃えるときに多かれ少なかれ発生します。とくに炭火、練炭、燃料用ガス、石油、湯沸かし器やストーブの不完全燃焼では中毒になるほど大量に発生することがあります。車の排気ガスやタバコの煙の中にも含まれています。

一酸化炭素の人体への影響

私たちが生きていくためには、約六〇兆個といわれる細胞一つ一つに酸素と栄養分を補給し続けることが必要です。酸素は、血液中の赤血球に含まれるヘモグロビンと結びついて細胞に運ばれます。

ところが、一酸化炭素を吸い込むと、血液中でヘモグロビンと強く結びついて

◆一酸化炭素中毒の症状　　＊東京ガスのＨＰより引用

一酸化炭素の濃度	吸入時間と中毒症状
0.02%（200ppm）	2～3時間で軽い頭痛
0.04%（400ppm）	1～2時間で頭痛や吐き気
0.08%（800ppm）	45分間で頭痛、めまい、吐き気 2時間で失神
0.16%（1600ppm）	20分間で頭痛、めまい、吐き気 2時間で死亡
0.32%（3200ppm）	5～10分間で頭痛、めまい 30分間で死亡

しまいます。一酸化炭素のヘモグロビンとの結びつきやすさは、酸素の約二五〇倍といわれています。すると、各細胞に酸素を補給することができなくなってしまうのです。

〇・〇四％という濃度は、標準的な浴室（五立方メートル）に、二リットルのペットボトル一本分の一酸化炭素を混ぜたくらいですが、それだけで頭痛や吐き気が起こるほどの毒性があります。モノを燃焼させていて、風通しがよくない場所で頭痛や吐き気がしたら要注意です。

もし一酸化炭素中毒になりかけた人がいた場合は、傷病者を新鮮な空気の場所に移し、速やかに医師の診察を受けさせましょう。呼吸困難や呼吸停止のときは、直ちに人工呼吸を行います。

一酸化炭素中毒の発生原因と対策

どんな場合に、中毒が起こるほどの一酸化炭素が発生するのでしょうか。

主な原因は不完全燃焼が起こることです。

また、ガソリン車の排気ガスには、〇・二〜二％もの一酸化炭素が含まれています。タバコの煙に含まれる一酸化炭素が原因で中毒になることはないのですが、身体にはダメージを与えています。

モノを燃焼させる現場では、風通しをよくする（換気をよくする）こと、つまり換気の悪い空間をつくらないということがもっとも大切です。

燃焼器具を安全に使用するためには、定期的な点検が第一です。燃焼時に異臭がしたり炎が黄色くなるときは使用を中止して、点検や修理を依頼することが大切です。

また、空気中の一酸化炭素を検出してアラームが鳴る家庭用警報器もありますから、一般家庭でも設置しておくとよいでしょう。

Part 2

面白くて眠れなくなる化学

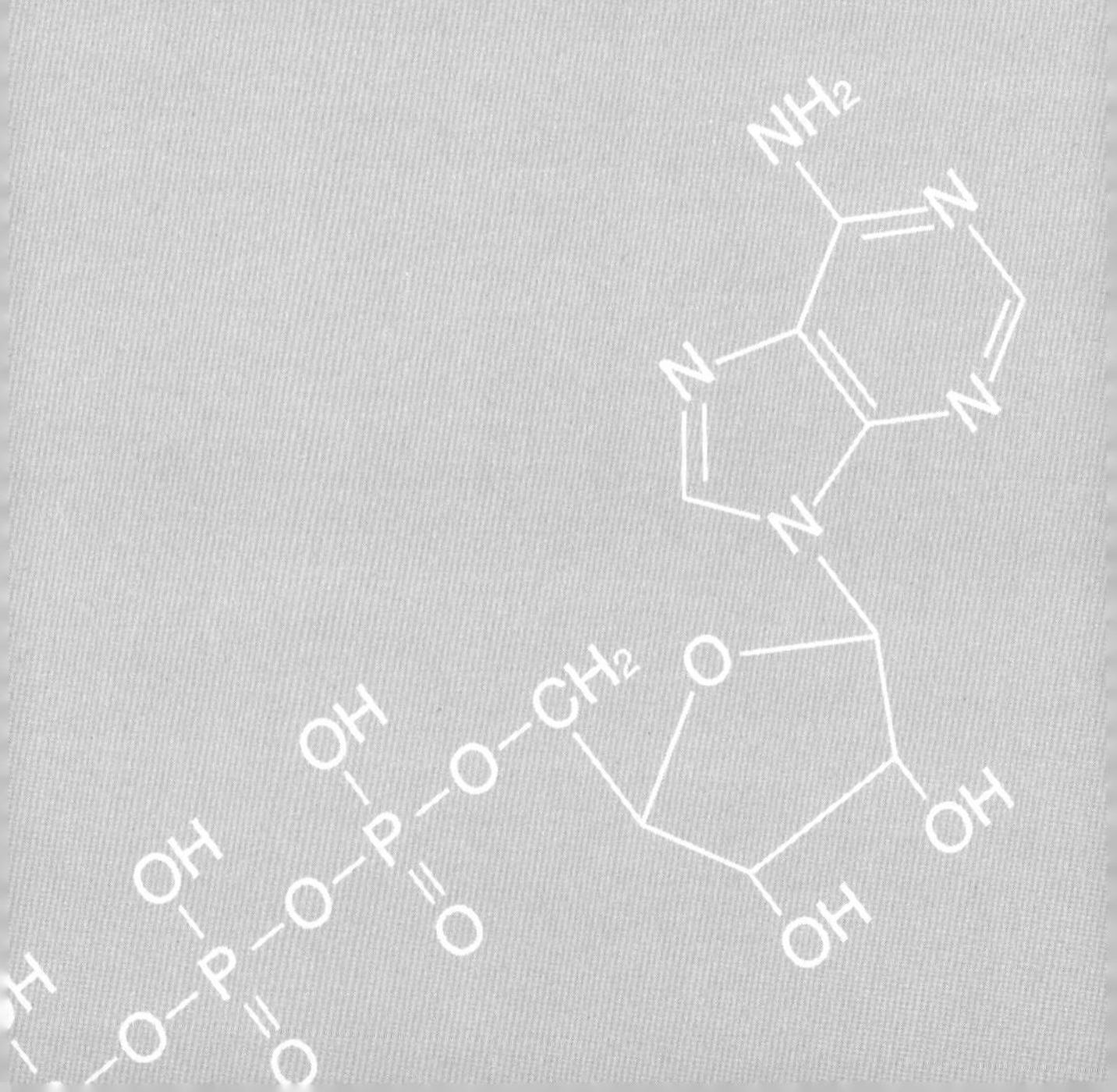

毒物の代表——青酸化合物とヒ素

かつての毒物ナンバーワン

ある統計によると戦後から一九五二年までは、自殺に使われた毒物の一位は青酸化合物が占めていました。今でも「知っている毒物は？」と聞くと「青酸カリ」と答える人がたくさんいるほど名前が知られた毒物です。

毒物として使われる代表的な化合物は、青酸カリウム（シアン化カリウム）、青酸ナトリウム（青酸ソーダ、シアン化ナトリウム）です。自殺だけではなく、コーラの瓶やウーロン茶の缶などに入れての無差別殺人などに使われて事件になったこともあります。

これらの青酸化合物は、成人で一五〇ミリグラム以上飲むと、一分から一分半の間に初期症状が起こります。頭痛、めまい、脈拍が激しくなり、胸が苦しくなるのです。ついで、三、四分後に呼吸が乱れ、嘔吐、脈拍はしだいに弱くなり、痙攣（けいれん）

を起こして意識を失い、死に至ります。

致死量を超えている場合は、適切な治療をしなければ十五分以内に死亡します。一酸化炭素中毒と同様、静脈血が明赤色になることなどから青酸化合物中毒と判断できます。

青酸カリウムや青酸ナトリウムは、胃に入って胃酸（うすい塩酸を含む）に出合うと、青酸ガス（シアン化水素）が発生します。この青酸ガスが猛毒なのです。青酸化合物中毒者には「マウス・トゥ・マウス」の人工呼吸をしてはなりません。青酸ガスを吸ってしまうからです。

杏の種にも毒がある

自然界にも青酸毒があります。梅、杏、桃の種にはアミグダリンという青酸配糖体（青酸と糖の化合物）が成分に入っています。これは、酵素エムルシンによってマンデロニトルとグルコース（ブドウ糖）に分解されます。マンデロニトリルは、さらに猛毒の青酸ガス（シアン化水素）とベンズアルデヒドに分解されます。

欧米では杏やアーモンドの生の種を誤って飲み込んで中毒を起こした例がありま

◆杏の種には毒がある

す。杏の生の種の中身を五～二五粒食べると、子どもなら死に至るとされています。

これらの種は、昔から咳を鎮める薬として使われてきましたが、食べ過ぎるのはいけないということです。

愚者の毒物――ヒ素

ヒ素の毒性は、有機ヒ素より無機ヒ素のほうが強く、その中でも亜ヒ酸塩がもっとも強いといわれています。ヒ素による中毒には、亜ヒ酸が使われた和歌山毒物カレー事件のように一度に大量に摂取することによって起こる「急性中毒」と、長年にわたり摂取することによって起こる「慢性中毒」があります。

ヒ素およびヒ素化合物は、古代ギリシャでは強壮剤や造血剤として使われました。中世以後は自殺、他殺の毒として、しばしば歴史にも物語にも登場してきました。無色・無臭・無味のトファナ水という三酸化二ヒ素の水溶液は、化粧水として使用すると色が白くなり、美人になるといわれてご婦人方が愛用しましたが、この水溶液は、カトリックの教義上離婚が許されない諸国では亭主を毒殺するのにも活躍したようです。

三酸化二ヒ素は「亜ヒ酸」ともよばれています。わが国では三酸化二ヒ素は「石見(いわみ)銀山ネズミ取り」として古くから使われ、殺人にも流用されてきました。少し前には和歌山毒物カレー事件がありました。

ヒ素が〝愚者の毒物〟といわれるのは、かつては簡単に入手できたからのようです。また十九世紀に簡易なヒ素検出法が開発されて以降、すぐにヒ素中毒とわかってしまったからかもしれません。とくに現在はヒ素化合物が身近にないので、犯罪に使えばすぐに犯人が特定されます。

ナポレオンは毒殺された？

幽閉先の大西洋の孤島セントヘレナで死去したフランスの皇帝ナポレオン一世（一七六九〜一八二一年）の死因は胃がんとされ、彼が亡くなった当時に公式発表されたものです。

一方で、毛髪の分析からヒ素による暗殺説も出ていました。ヒ素は体内に入ると血液と共に毛髪や爪などへも送られて残留します。分析が容易なので簡単にヒ素中毒かどうかわかるのです。毛髪には通常の何十倍かのヒ素が含まれていました。

しかし、それだけで簡単にヒ素による暗殺だとはいえません。というのも、ナポレオンの時代には、ワインの樽を洗うのにヒ素を使用していたため、大のワイン好きだったナポレオンの体内にヒ素が検出されてもおかしくないからです。

また、セントヘレナへ行く前や子ども時代の毛髪からも多量のヒ素が検出されました。当時はヒ素が生活の中で多用されていたので、多く含まれていてもおかしくないのです。

最後の五カ月間に履いていたズボンや、主治医の記録からは体重が一一キログラムも激減していたという研究があります。

死後の解剖所見では、胃潰瘍により胃に穴があいていたことが確認され、初期のがんも見つかっています。胃がんではなく胃潰瘍で亡くなったのではないかという考え方もありますが、これまでヒ素による暗殺説がメインになったことはなく、胃がんあるいは胃潰瘍による病死説が有力なようです。

わが国でも大阪府高槻（たかつき）市にある阿武山（あぶやま）古墳（七世紀）の被葬者の頭髪からヒ素が検出されています。この古墳は大化の改新で有名な藤原鎌足（ふじわらのかまたり）の墓ではないかといわれています。

『日本書紀』には、鎌足が亡くなる前の数カ月間にわたって寝込んでおり、天智天皇の見舞いを受けているという記述があります。これが事実ならば、大量のヒ素を使った暗殺とは考えにくくなります。大量のヒ素を盛られたならば、数カ月も寝込むことなく短期間に亡くなると考えられるからです。

おそらくは、不老長寿の薬としてヒ素を含んだ仙薬（せんやく）を毎日少しずつ飲んでいたために、頭髪に蓄積されたのではないでしょうか。

水を飲み過ぎるとどうなる？

モノには質量と体積がある

私たちの身のまわりには大変多くの〝モノ〟があります。人間がこの地球上に登場して以来、身のまわりにあるたくさんのモノに様々に働きかけ、性質を知り、うまく利用し、それを変化させて新しい〝モノ〟をつくってきました。

モノは、どんなに小さくても、質量と体積を持っています。

逆に言えば、質量と体積を持っていれば、それは〝モノ〟なのです。

モノを使ったりするとき、そのモノの形や大きさ、使い道、材料などに着目して区別しています。とくに形や大きさなど外形に注目した場合は、そのモノを「物体」といいます。

一方でコップには、ガラス製のモノ、紙製のモノ、金属製のモノなどがありますが、コップという物体をつくっている材料に注目した場合、その材料を「物質」

といいます。

つまり、「物質とは〝モノ〟の材料」ということができます。

この物体が「何からできているか（どんな物質からできているか）」という材料に注目した見方を、化学という学問ではよく使います。物質のうち、混合物や不純物を含まない純粋な物質のことを化学物質ということもあります。

化学物質というと、何か恐ろしげなイメージを持つ人がいるかもしれません。しかし、化学物質とは、私たち人間はもちろん、私たちの周りの空気、水、衣服、建築物、食べ物、土、岩石などあらゆる〝モノ〟をつくっている物質のことなのです。

赤ちゃんがみずみずしい理由

私たちの体の水の割合は、ふつう成人男子で体重の約六〇％、女子で約五五％です。男女で水の割合が違うのは、男子は筋肉が多く、女子は脂肪が多いからです。筋肉組織は水がたくさんありますが、脂肪組織は水が少ないのです。赤ちゃんは約八〇％が水ですが、大人になると六〇％になり、おじいさん、おばあさんにな

◆体の水の収支

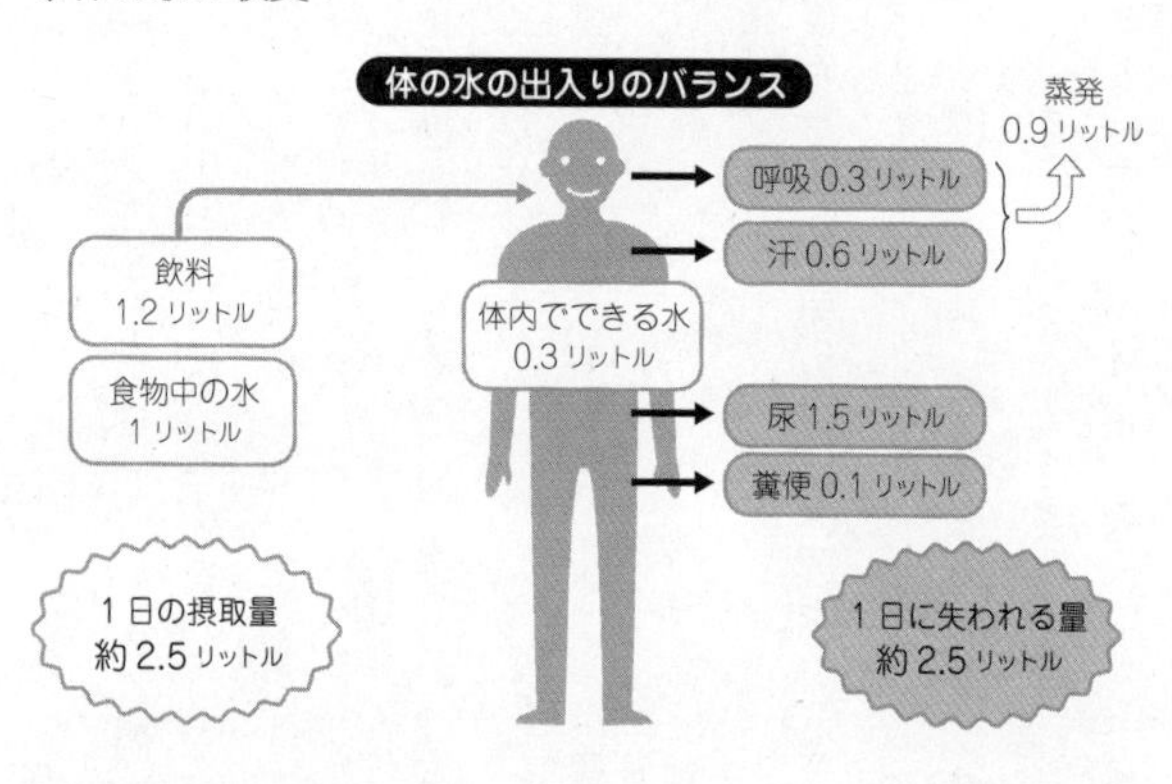

るとさらに減っていきます。六十歳で五〇％台に落ちます。

赤ちゃんの皮膚はみずみずしいのに、おじいさんの皮膚がしわしわなのは含まれている水の割合が違うからなのです。

体の中をかけめぐる水は、いろいろな物質を溶かしこんでいます。体のなかをぐるぐる回りながら、各細胞に栄養分と酸素を渡し、不要物を受け取って捨てるというのは、水の大切な働きの一つです。

人間が生きていくために必要な水の量は一日に約二〜二・五リットルといわれています。その量は体の大きさのほか、外気の状態や運動の有無などによっても左右されます。

一方、体から出ていく水は、大部分は尿

として出ていきます。私たちの体を出入りする水の量は、入る水と出る水がほぼ同量でバランスがとれています。

栄養分や酸素の運び役として、化学反応の場として、また体温や浸透圧の調整役として、水は私たちの生命に欠かせない重要な物質です。

DHMOを摂ってはいけない？

米国である学生が、ジハイドロジェンモノオキサイド（以下、DHMO）という名前の化学物質の禁止を訴えて署名活動を行ったという話があります。

「DHMOは無色、無臭、無味です。そして毎年数え切れないほどの人を殺しています。ほとんどの死因はDHMOの偶然の吸入によって引き起こされています。その固体にさらされるだけでも激しい皮膚障害を起こします。

DHMOは酸性雨の主成分であり、温室効果の原因でもあります。

DHMOは、今日アメリカの、ほとんどすべての河川、湖および貯水池で発見されています。それだけではありません。汚染は全世界に及んでいます。南極の氷でも発見されています。

◆ジハイドロジェンモノオキサイド(DHMO)の正体

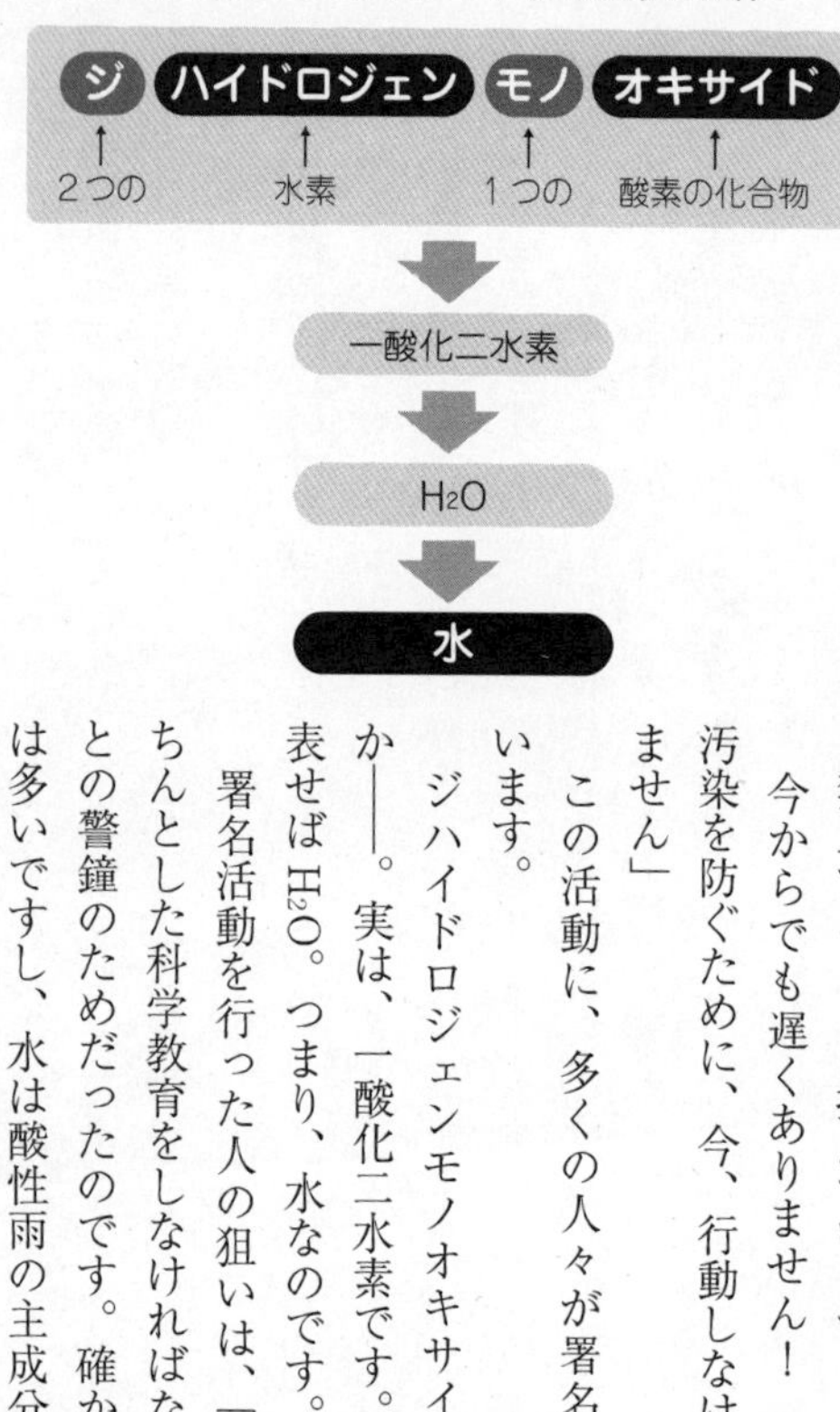

アメリカ政府は、この物質の製造、拡散を禁止することを拒んでいます。

今からでも遅くありません！　さらなる汚染を防ぐために、今、行動しなければなりません」

この活動に、多くの人々が署名したといいます。

ジハイドロジェンモノオキサイドとは何か——。実は、一酸化二水素です。化学式で表せばH_2O。つまり、水なのです。

署名活動を行った人の狙いは、「もっときちんとした科学教育をしなければならない」との警鐘のためだったのです。確かに水死者は多いですし、水は酸性雨の主成分だし、水蒸気は大気中の温室効果ガスとして最大の温室効果をもたらしています。

化学物質には一見難しそうな、恐ろしげな名前がついていることがありますが、そのイメージではなくて、実体をよく見なければなりませんね。

水を飲まないと……

健康な成人の体は約六〇％が水でできています。そのうちの二〇％が失われると死に至るといわれています。体重が六〇キログラムの人の場合、体の水の量は約三六キログラム。その二〇％は七・二キログラムになります。もしそれだけの水が体から失われたら、私たちは生きていくことができません。

尿や汗などで人間は一日に約二キログラム程度の水を体外に排出しています。七・二キログラムといえば、約三・六日分です。もちろん実際に水を断ったら、体から出ていく量も減るでしょう。その場合、もっと長く生きられると思いますが、計算上では水を四日飲まないだけでも生命は危険にさらされることになります。

宗教の修行などで断食をする場合でも、食べ物は摂らなくても水は飲みます。なにも食べなくても水さえ飲んでいれば二〜三週間は生きることができるというデータもあります。それだけ水は生命にとって重要なものだということができるでしょう。

水を飲み過ぎると……

人間にとって必要不可欠な水も飲み過ぎれば有害であり、ときには死に至ります。事実、二〇〇七年一月にアメリカで「水の大飲み大会」に出場して、トイレに行かずに約七・六リットルの水を飲み干した二十八歳の女性が、その日の午後に自宅で死亡したという事例があります。水を急激に大量に摂取すると、ナトリウムイオンなどの電解質の濃度が低下して水中毒になるのです。

市民マラソンなどで水を摂り過ぎると水中毒で亡くなったり、障害を起こすことがあります。デトックス（毒出し）と称して多量の水を飲み、水中毒になった人もいます。安全に思える水ですら、摂り方によっては中毒になるということですね。

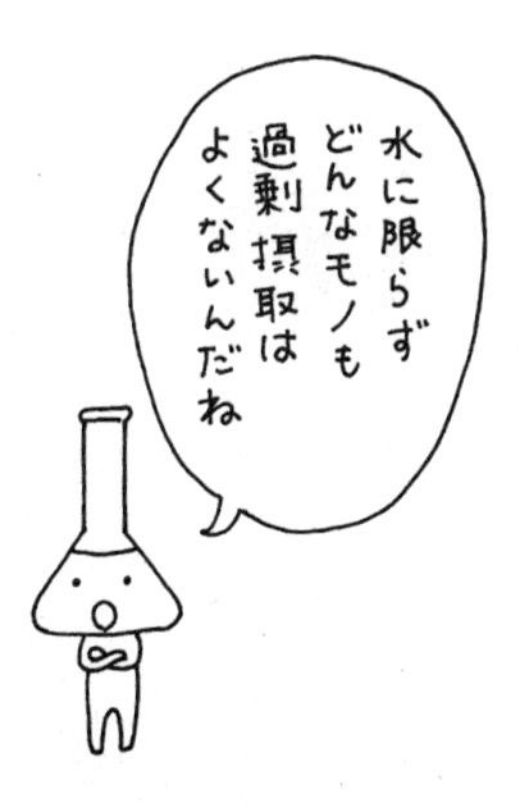
水に限らず
どんなモノも
過剰摂取は
よくないんだね

「しょう油をがぶ飲みすると死ぬ」は本当？

兵役忌避でしょう油をがぶ飲み

「水を飲み過ぎると……」でご紹介したように、水でさえ中毒を起こす事例があります。

つまり、考え方次第では世の中の物質は、全て「毒」になりうるといってもいいかもしれません。しかし、それらが「毒性を示す」には、「必要な量」が「必要な場所」になければなりません。ある物質の毒性を考える場合、その物質を毒物か毒物でないかのどちらかに分けるのではなく、「どれくらいの量を、どのように摂取すれば毒になるか？」という考え方をする必要があります。

身近な物質である食塩の安全性について考えてみましょう。

かつて日本に徴兵制があったとき、男性は二十歳になると身体検査をメインとする徴兵検査がありました。

検査の結果、成績の善し悪しで「甲種」から順に「第一乙種」「第二乙種」「丙種」等にランク分けされ、身体や精神の状態が兵役に適さない者は「丁種」とされました。

徴兵検査で甲種合格となるのは、国から「優秀な帝国臣民」（一人前の男）と認定されるので、〝男の名誉〟（あこがれ）である反面、現役徴集の可能性が極めて高いことを意味していました。

そこで、徴兵されにくくするために、検査の前にしょう油を大量に飲んだ人たちがいたといわれています。しょう油を飲むと顔色は青くなり、心臓の鼓動が速くなるので、心臓病として「丙種」のランクになることが狙いでした。

しかし、ときとして、もう簡単には治らない病気になってしまったり、死んでしまう場合もあったようです。

しょう油の成分は？

しょう油は、強い旨味（とくにグルタミン酸というアミノ酸）を持っています。他にも糖質や有機酸などが合わさって旨味が強いのです。

グルタミン酸は、旨味調味料に使われるグルタミン酸ナトリウムの大量摂取が「中華料理症候群」（頭痛、顔面紅潮、発汗等）を引き起こすとして話題になったことがありますが、現在では、中華料理症候群とグルタミン酸ナトリウムの摂取は無関係とされています。

しょう油の大量摂取で問題になるのは何かといえば、食塩（主成分：塩化ナトリウム）なのです。

一般のしょう油は、塩分濃度が約一六％です。密度が一・一八グラム／立法センチメートル程度なので、一〇〇ミリリットルを摂ると一一八グラム。その中の食塩は、一一八×〇・一六＝約一九（グラム）です。

急性毒性を調べる

シアン化カリウム（青酸カリ）を人間が飲み込むと、体内で分解して有毒ガスが発生して、直ちに中毒症状を起こします。飲み込んだ量が一五〇ミリグラム以上の場合は死んでしまいます。

このように、体内に取り込まれて短時間に発現する毒性を急性毒性といいます。これらの致死量は、マウス、ラット、モルモットなどの実験動物を用いて調べます。

通常は、実験動物を半数死亡させる投与量（これをLD五〇とよびます）を体重一キログラムあたりに換算して数値化しています。

ラットの場合、シアン化カリウム（青酸カリ）を、体重一キログラムあたり一〇ミリグラム経口投与すると、その半数が死んでしまいます。この場合経口LD五〇は体重一キログラムあたり一〇ミリグラムとなります。LD五〇が小さいものほど毒性が強いことになります。

しょう油がぶ飲みで食塩中毒

食塩の急性毒性半数致死量（LD五〇）は、体重一キログラムあたり三〜三・五グラムとされています（文献によって一キログラムあたり〇・七五〜五グラムや〇・五〜五グラムなどもありました。同じ経口摂取でも実験動物がラットかマウスかでLD五〇が違うようです）。

LD五〇を体重一キログラムあたり三グラムとして、体重六〇キログラムの人を考えると、一八〇グラムで半数が死ぬことになります。これはしょう油約一リットルの含有量になります（ＬＤ五〇に幅がありますし、体調の違いもありますから、もっと少量でも危険です）。

食塩中毒の治療は、胃洗浄を高濃度食塩水で行ったり、嘔吐をさせるために食塩水を多量に飲ませたりします。患者には各臓器のうっ血、くも膜下や脳内の出血等が見られます。

自殺目的で、しょう油約六〇〇ミリリットルを飲用した例では、意識レベルが次第に低下して、顔面けいれん、全身けいれんを起こし、最後には脳浮腫による中心性ヘルニアで脳死状態になっています。

この場合、中心性ヘルニアになったのは、浸透圧を下げる目的で五％糖液を急速輸液したことが原因となったということです。したがって、食塩中毒の治療では、浸透圧をゆっくり下げる方法や腹膜透析等の手段を選ぶべきだと考えられています。[*1]

【参考文献】
＊1　佐藤幸治「醬油多量飲用による食塩中毒の一例」『中毒研究六』：六九－七二

マムシ・マダコ——怖い生物毒

マムシとマダコの両方に咬まれた！

ぼくはマムシとマダコに咬まれたことがあります。

この話をしたところ「そんな経験を持つ人はほかにいないんじゃないか」と驚かれたことがあります。

子ども時代、近くに里山がある農村で育ったぼくは、ハチに刺されたり、毛虫の毛でかぶれたり、ウルシにかぶれたり、キノコ鍋で家族全員が中毒になったりと、中毒経験は豊富です。

二つの出血穴

まずは、マムシの毒の話をしましょう。

もう二十年以上も前のことになりますが、長野県の野尻湖に家族で遊びにいき

◆マムシとマダコとヒョウモンダコ

ました。その日一日をかけて、野尻湖を一周するハイキングです。

木々の間に野尻湖を望みながらの約一四キロメートル。車の道でもあり、サイクリングロードでもある湖の周遊路を歩きながら少し飽きてきたぼくは、湖の岸辺へ下りてみたくなりました。

藪をかき分けて下りていると、足に痛みが走りました。道路に戻ると、そこには「マムシに注意」という看板があります。

靴下を脱いでみると、足に約一センチメートル間隔の二つの穴が開いていて少し出血していました。マムシの姿を見ていないので、マムシとは断言できませんが、状況的にはマムシだったと推定できます。幸いなことに靴の上から咬まれたので深い傷にはなっていませんでした。

針で刺したような痛みが少しずつ増してくる足を引きずって宿に戻りました。ちょうど宿には医師や看護師がいました。傷口を見せると「マムシの可能性が高いから、すぐに病院に行ったほうがいいよ」とアドバイスを受けました。

町の病院で、医師に「マムシだな」と言われ、何時間も解毒剤の点滴を受けました。「明日、足が腫れていたらまた来なさい」と言われて帰りましたが、幸いなことに次の日には痛みや腫れがおさまっていました。

子ども時代からマムシには何度も出合ってきたのですが、マムシへの対処法などはまったく気にしないでいたのです。理科の教員をしていたとき、遠足で生徒が、子どものマムシをマムシと知らずに尻尾をつかんで振り回していたら咬まれて病院へ、という経験もあったのですが……。

マムシに咬まれたら……

マムシなどの毒ヘビの毒成分は、数十種類の異なったタンパク質で構成されており、その一つ一つのタンパク質が異なった作用を示します。マムシの場合は、主に血管の組織を破壊する「出血毒」です。

予防措置としては、「キノコ採り等のときにはまわりを棒などでたたいてヘビがいないことを確認します。咬みつくことのできる距離は三〇センチメートルほどです。落ち葉や土の上では、体が保護色になっているので非常に見つけにくく、落ち葉の下に隠れると全くわかりません。足は長靴を履いていれば、咬まれても毒が入ることはありません」ということです。

また咬まれたときは、静脈への血清投与が有効ということも知っておきたい知識です。

マダコにも毒がある！

最近は地球温暖化の影響なのか、「ヒョウモンダコが北上中」という記事を見かけました。ヒョウモンダコは、タコ類の中では小さいほうですが、興奮すると体表と腕にコバルトブルーの輪紋や糸状紋があらわれ、いかにも毒々しい感じがします。咬まれるとテトロドトキシンという強い毒が注入されて激しい中毒症状を起こします。オーストラリアなどでは、咬まれた人が死亡した例があります。

◆猛毒生物ベスト10

順位	生物名	種類	毒の種類	半数致死量 mg/kg
1	マウイイワスナギンチャク	イソギンチャク	神経毒	0.00005～0.0001
2	ゴウシュウアンドンクラゲ	クラゲ	混合毒	0.001
3	ズグロモリモズ	鳥	神経毒	0.002
4	モウドクヤドクガエル	カエル	神経毒	0.002～0.005
5	ハブクラゲ	クラゲ	混合毒	0.008
6	カバキコマチグモ	クモ	神経毒	0.005
7	カリフォルニアイモリ	イモリ	神経毒	0.01
8	アンボイナガイ	貝（イモガイ）	神経毒	0.012
9	ヒョウモンダコ	タコ	神経毒	0.02
10	インランドタイパン	ヘビ	神経毒	0.025

『猛毒動物 最恐50』今泉忠明（ソフトバンクサイエンス・アイ新書）より引用

そのヒョウモンダコは「マダコ科」です。では、「マダコ科」のマダコに咬まれたらどうなるでしょうか？

マムシに咬まれたときよりも少し前のことですが、ぼくは学校の生徒たちと伊豆で合宿をしていました。その折、海で生徒たちと水をかけあったりして遊んでいたとき、足にごつんと固いものが当たりました。

引き上げるとそれは筒状の容器で、中にはマダコが入っています。「タコをとったぞー！」と、砂浜に上がりました。生徒たちや周りにいた人たちが集まってきます。

ぼくは、左手を広げて、その手の上にタコを置きました。見せびらかそうと思ったのです。タコは、手の平の上から、じわじわと腕のほうへと上がり始めました。

そのときです。激痛が走りました。マダコは、口の内部にくちばし状の「カラストンビ」と呼ばれる顎歯(がくし)を持っています。その顎歯をぼくの腕に差し込み、さらに毒腺から毒を注入したのです。

ギャラリーは、タコの動きに微笑(ほほえ)んでいます。ぼくは激痛をこらえて、腕からタコをはずしました。タコはゆらゆらと歩いて、海に戻っていきました。

ギャラリーはその姿にも笑っていましたが、その陰でぼくは腕を押さえていました。傷口はずきずきと痛み、傷口を押さえると無色透明のリンパ液がしみ出し、腫れてきました。

このときは病院にいかずに自然治癒しましたが、治癒までに一～二週間かかりました。今もうっすらと傷跡が残っています。

実は後で知ったのですが、マダコは、外とう膜に指を入れて持たなくてはいけないのです。

毒ガスを開発したユダヤ人化学者

空気から肥料をつくる

ドイツの化学者フリッツ・ハーバー（一八六八〜一九三四）はユダヤ人ということが不利になってなかなか大学の助手のポストにつけませんでした。彼は二十五歳で何とか大学の助手に採用されると猛烈に研究を開始します。

一九〇六年、ハーバーがようやく化学の教授職についたとき、彼の関心は当時の化学界最大のテーマ、空気中の窒素を化合物として固定することに注がれていました。

当時の窒素肥料は、硝石（硝酸カリウム）やチリ硝石（硝酸ナトリウム）でした。農作物を育てるとき、成長するのに必要な養分のうち、細胞のタンパク質合成に欠かせない窒素はもっとも不足しがちです。

窒素は空気中に多く含まれますが、肥料としては硝酸塩やアンモニウム塩など窒素化合物の形にしなければ植物は吸収できません。このため、天然に産するチリ硝石や石炭の乾留(かんりゅう)時の副産物として得られるアンモニアが化学産業の原料や肥料に用いられてきたのです。そのために、南米チリからチリ硝石が大量に輸入されていましたが、資源の枯渇が心配されていました。

それならば空気中に体積で五分の四を占める窒素を利用できないか——。

多くの化学者の挑戦が失敗に終わるなかで、ドイツの化学メーカーBASF(ビーエーエスエフ)社のC・ボッシュの技術協力により、最終的にはハーバーとボッシュの方法が工業化へと進んだのです。

それは、当時の化学工業界では経験のない二〇〇気圧という高圧と、摂氏五五〇度という高温で窒素と水素を反応させる方法です。一番大変だったのは高温・高圧に耐える反応装置の開発でした。

その反応装置の開発はボッシュの担当でした。ボッシュは鉄製の反応装置が突然破裂して命を落としかけたこともありながら、やがて高温・高圧にびくともしない反応装置をつくりあげたのです。

ハーバーとボッシュはアンモニア合成法の成功で、ドイツのみならず世界の食糧増産の大功労者になりました。この業績によりハーバーとボッシュはそれぞれ一九一八年、一九三一年にノーベル化学賞を受賞しています。

アンモニア合成の成功で戦争に？

一九一三年、ドイツではハーバーとボッシュの方法によって空気中の窒素を使ってのアンモニア製造の工業化が始まりました。その年の夏にオッパウの工場でアンモニア製造が始まったのです。アンモニアからは硝酸をつくることができ、硝酸からは火薬類をつくることができます。

そして一九一四年、第一次世界大戦が勃発しました。

アンモニア合成がハーバーとボッシュによって成功したとき、当時のドイツ皇帝は「さあ、これで安心して戦争ができる！」と語ったという話があります。

海上封鎖を受けてチリ硝石の輸入が困難なときでしたから、いかにもありそうな話です。戦争をするにはパン（食糧）と火薬（砲弾）が大量に必要です。アンモニアがあれば、パン（食糧）をつくるための窒素肥料はもちろん、火薬の原料となる硝酸をつくることもできたのです。

といっても、これは本当の話ではありません。ハーバーとボッシュの合成法が完成する前、軍靴の響きが聞こえはじめた時期に、化学者エミール・フィッシャーらがパンと火薬の生産を心配して政府に具申したときには「学者が軍事にお節介をやくな」と一蹴されているのです。軍当局は、戦争は短期間に決着が付くと思っていました。

結局、第一次世界大戦は、五年間もの時間と大量の火薬を費やすことになりました。アンモニア合成法の工業化は、その結果としてパンと火薬の両面からその戦争を支えることになったのです。

海水から金を採取する？

第一次世界大戦で敗れたドイツには莫大な額の賠償金が課せられました。ハーバーは、ドイツ国家のために海水中の金を取り出してその賠償金を払おうと考えました。当時、海水には一トン当たり数ミリグラム程度の金が含まれていると考えられていました。ハーバーは「海水から金を取り出せばいい」と考えたのです。ハンブルクとニューヨークを往復する客船に秘密実験室をつくり、回収実験をくり返しました。

しかし、ハーバーが海水中の金の濃度を測定したところ、一トン当たり〇・〇〇四ミリグラムしか含まれていないことがわかりました（現在ではもっと少ないと考えられています）。実際に取り出せた金の量はゼロでした。もし取り出せたとしても、その金よりも何倍ものお金がかかってしまうので、とりやめになったのです。

毒ガス開発と妻の自殺

一九一五年四月二十二日、ベルギーのイープル。ドイツ軍と連合軍のにらみ合いのさなか、ドイツ軍の陣地から黄白色の煙が春の微風に乗って連合軍の陣地へと流れていきます。

煙が塹壕（ざんごう）の中へ流れ込んだ途端、連合軍の兵士たちはむせ、胸をかきむしり、叫びながら倒れ……阿鼻叫喚（あびきょうかん）の地獄絵そのものに変わりました。

ドイツ軍が一七〇トンの塩素ガスを放出し、連合軍兵五〇〇〇人が死亡、一万四〇〇〇人が中毒となった史上初の本格的な毒ガス戦、第二次イープル戦の様子です。

この毒ガス戦の技術指揮官こそハーバーでした。「毒ガス兵器で戦争を早く終わらせられれば、無数の人命を救うことができる」というのが、ハーバーが毒ガス兵器開発に他の科学者を巻き込んでいったときの説得の論理でした。

毒ガス利用の化学戦がいかに悲惨なものかを知っていたハーバーの夫人、化学者クララは、化学戦から身を引くように夫に懇願しました。しかし、ハーバーは聞き入れません。

「科学者は平和時には世界に属するが、戦争時には祖国に属する」「毒ガスでドイツは迅速な勝利を得る」と言って東部戦線に出発して行きました。クララは、その夕方、自らの命を絶ったのです。

ヒトラーに冷遇されて国外へ

「毒ガス」を広く解釈すると、戦争に最初に使用したのはフランスだと考えられています。フランスは、「我々が使用したブロモ酢酸エステルは単なる刺激剤だから毒ガスではない」という言い訳をしていますが、第一次世界大戦で最初に毒ガス

◆毒ガスなど化学兵器の登場

日本	年代	世界
	1914	第1次世界大戦勃発
	1915	ドイツがベルギーのイープルで、初めて毒ガスを使用
	1925	化学兵器使用禁止でジュネーブ議定書
満州国成立	1932	
	1935	イタリアがエチオピアで毒ガス使用
日本軍が中国戦線で毒ガス使用を開始	1937	
広島・長崎に原爆投下	1945	
	1988	イラクがクルド人地域で毒ガス使用
地下鉄サリン事件	1995	
	1997	化学兵器禁止条約が発効

（催涙（さいるい）ガス）を使いました。

しかし、本格的な毒ガス使用は第二次イープル戦といえるでしょう。第二次イープル戦の後は、イギリス軍は同年九月、フランス軍も翌一六年二月には塩素ガスで報復しました。

ドイツも連合国も優秀な科学者を動員して「毒ガス製造」に血道をあげたのです。

塩素ガスに対して防毒マスクなどで対策が講じられるようになると、毒性が塩素ガスの一〇倍という窒息性のホスゲン、無色で、接触するだけで皮膚がやけどし、ひどい肺気（はいき）腫（しゅ）、肝臓障害を起こすマスタードガス（イペリット）へと進んでいきました。その先頭にハーバーがいたのです。

しかし、ヒトラーがドイツを支配するようになると、ユダヤ人のハーバーは冷遇されるようになりました。比類ない愛国的化学者ハーバーも、カイザー・ウイルヘルム研究所長を辞職し、ただのユダヤ人ハーバーとならざるを得ませんでした。

心身の疲労のため、ハーバーはドイツから出てスイスのサナトリウムで静養します。彼は、その後イギリスに迎えられました。しかし、イギリスではハーバーの毒ガス兵器への憎しみが残っており、快適な環境ではありませんでした。

失意のなか、イギリスからスイスへの保養旅行へと出たハーバーは、旅先のバーゼルで亡くなります。一九三四年一月二十九日のことでした。

【参考文献】
宮田親平『毒ガスと科学者』光人社

コーラを飲むと歯や骨が溶ける？

清涼飲料水に歯や骨を入れると……

かつて、コーラに抜歯した歯や魚の骨などを入れておくという実験が消費者運動の中で盛んに行われました。確かにこうすると、歯や骨は溶けてやわらかくなります。

この結果から「コーラを飲むと体内の骨が溶ける！」などとコーラの危険性を説く食品評論家もあらわれました。

歯や骨は、簡単に言ってしまうとリン酸カルシウムと呼ばれる化合物です（正確には、鉱物のアパタイトに近い組成を持つハイドロキシアパタイト「$Ca_{10}(PO_4)_6(OH)_2$」からできています）。

歯や骨は、酸の働きで溶けて脱灰（だっかい）現象を起こして、やわらかくなるのです。「炭酸飲料の炭酸のせいじゃない？」と思っている人も多いようですが、二酸化炭素が水に溶けてできる炭酸は、あまりにも酸としては弱いものです。骨が溶ける要因にはなりません。

浸けておくと歯や骨が溶ける清涼飲料水には、清涼剤として酸味料［リン酸や有機酸（クエン酸やリンゴ酸など）］が添加されています。そのため、清涼飲料水はpHが二・五～三・五の酸性になっています。

酸味料を含んでいる清涼飲料水の場合は、酸の働きで脱灰現象が起きます。すっぱい清涼飲料水のほうが酸味料が多く含まれているので、酸の働きも強いのです。

つまり、炭酸水よりもレモンなどを含んだ清涼飲料水のほうが、はるかに脱灰現象を起こしやすいということですね。

体内でも骨は溶ける？

清涼飲料水を飲むと、飲料が歯に直接当たります。しかし、口の中の唾液が酸を弱めますし、飲んだ酸味料が体内の骨に直接当たることはありません。

それから、この問題で忘れてはならないのが胃液です。胃液には塩酸が含まれており、強い酸性です。胃液は一日に一～二リットルも分泌されていますから、もし清涼飲料水の酸味料で体内の骨が溶けるなら、清涼飲料水を飲まなくても、胃液で体内の骨が溶けていることでしょう。

もっと高度な話では「リンとカルシウムの摂取比は一：一～二がよいので、コーラでリンを摂取するとリンの過剰摂取になり、骨からカルシウムが溶け出す」という説があります。

リンは生体必須構成元素で、体内の全ての組織、細胞に含まれています。遺伝子の本体であるＤＮＡ、体内でエネルギー伝達をするＡＴＰ（アデノシン三リン酸）などに含まれています。添加物として摂らなくても、あらゆる食品に含まれています。

そのため、私たちはリンを様々な天然食品から摂取しています。清涼飲料水や加工食品の添加物としてのリンを全て排除しても、リンの摂取量は五％程度しか減らないのです。

ふつうに清涼飲料水を飲んだり、加工食品を食べているかぎり、リンの過剰摂取は心配する必要がないといえるでしょう。

また、現在では、WHO（世界保健機関）の合同専門委員会の見解によれば「リンとカルシウムの摂取比は一：一～二がよい」という説は、人間の栄養において実際的な意義を有さないとされています。

【参考文献】
川口啓明『思い込みの食べ物知識』同時代社

「温泉」「入浴」をめぐるウソ・ホント

ゲルマニウムの効果は根拠なし

ゲルマニウムというと、「健康に良さそう」と思う人が多いようです。ゲルマニウムが含まれているブレスレットなどのアクセサリーをつけると「貧血によい」「疲れが取れる」「発汗する」「新陳代謝が良くなる」などの効果をうたった商品が数多く発売されました。

国民生活センターは、健康に良いとして販売されているゲルマニウム・ブレスレット一二銘柄を対象に調査を実施しました。ベルト部分にゲルマニウムがあったものはなく、八銘柄は金属の粒部分などに微量があっただけで、まったく含まれていないものもありました。一番の問題は、うたわれている健康効果が科学的に確認されなかったということです。

さらに、無機ゲルマニウムも有機ゲルマニウムも食べるのは厳禁です。一九七〇年代にゲルマニウムのブームがあり、無機ゲルマニウムを含んだ健康食品を食べて死者が出ています。有機ゲルマニウムの場合も、食べて健康障害が起こったり、死亡した例もあります。

また、ゲルマニウム温浴は、ゲルマニウムを含む化合物を溶かした四〇～四三℃の湯に、十五～三十分程度手足を浸けて温浴を行う入浴方法です。

あるWEBサイトには、「有機ゲルマニウムは体内で多量の酸素を作り出します。皮膚呼吸によって体内に取り込まれたゲルマニウムは血液中に溶け込んで、血中の酸素量を増加させます。血液の循環によって酸素が全身に届けられるので、代謝がどんどん高まります」「有機ゲルマニウムは約三二℃以上で、マイナスイオンと遠赤外線を放出します。これらも体内に入り込んで、体を温め、代謝を高めます」などという説明がありました。皮膚を通して血液中に入り込むのであれば、ゲルマニウムを食べた場合と同じようなことになると考えられます。

それでは、血中の酸素量を「増加」させるという多量の酸素はどこから生じるのでしょうか。もし本当に多量の酸素が細胞に届くのならば、その酸化力で身体に悪影響を及ぼすはずです。つまり、健康に良くないということです。しかし、実際にはそのような効果はないので、健康障害が起こっていないのでしょう。

マイナスイオンも……

マイナスイオンというものも、科学的な効果が証明されていないものですが、世間にはまだ「マイナスイオン＝健康に良い」と思っている人が多いことから、商品のPRや説明に使われています。

ゲルマニウム温浴のWEBサイトではマイナスイオンではなく電子放出という説明も多く、ブレスレットの効果の説明にも使われていますが、こちらも国民生活センターの調査結果が示しているように科学的な根拠はないのです。結局のところ、ゲルマニウム温浴は、湯に手足を浸けて温めるという効果はあっても、ゲルマニウムの効能には科学的な根拠はありません。

遠赤外線というのも「特別な電磁波で、体に吸収されて体を温める」というイメージがあります。しかし、どんな物体も遠赤外線を出していますし、三二℃の物体から出る遠赤外線では体が温まらず、体内に一ミリメートルも入り込みません。

なお、ゲルマニウム温浴による健康障害はとくに報告がないので、食べたり飲んだりした場合とは異なり、体内にはほとんど吸収されていないということではないでしょうか。

岩盤浴は雑菌の温床?

岩盤浴も、ゲルマニウム温浴と説明が似たり寄ったりです。説明に「遠赤外線」と「マイナスイオン」が出てきたら、その説明はニセ科学と判断してもよいと思います。

「遠赤外線は体の芯まで浸透して温めて、細胞を活性化します」という説明をよく見かけますが、遠赤外線は皮膚表面からわずか〇・二ミリメートル程度までしか浸透せずに、熱に変わってしまいます。「活性化」や「免疫力アップ」などは科学的・医学的な根拠を示してから表示してほしいですね。

さらに「毒素（水銀・鉛・カドミウムなど）を出すデトックス効果があります」という説明もあります。汗をかくわけですから、不要物をまったく出さないとはいいませんが、特別に多量の不要物が出るわけではありません。

岩盤浴は浴槽がいらないので、マンションの一室でお金をかけずに簡単に開業できます。中にはシャワー室がない施設もあります。

一番の問題は衛生管理です。二〇〇六年に某週刊誌が「都内の岩盤浴施設の床から、一般家庭の床の二四〇倍の細菌が検出された」などの内容を記事にしました。

換気や清掃、消毒を十分に行っている施設は細菌の繁殖が抑制される可能性が高いのですが、衛生管理が悪ければ、細菌・カビがウヨウヨ状態になる可能性があります。

冷たくても温泉

「いい湯だな♪」と、温泉に浸かることで心身共にリフレッシュできますよね。

それでは、わが国に温泉地は全部で何カ所あるのでしょうか。日本には温泉（宿泊施設を伴ったもの）が、三二〇〇カ所ほどあります（環境省自然環境局・二〇一四年度データ）。

この数字は、宿泊施設がある場所のみです。深い山中などで人知れず湧いている秘湯や宿泊施設がない温泉は含まれないので、実際にはもっと多いことでしょう。こんなに温泉がある国は他にはありません。日本は温泉大国なのです。

「温泉」というと、一般的に「温かいお湯が湧き出ている」というイメージを持つのではないでしょうか。ところが、例えば、ぼくの住んでいる千葉県では一五℃～二〇℃の温泉が半数以上を占めます。東京都には一二℃の温泉もあります。このような低温の温泉の場合、多くは浴用加熱をしています。しかし、源泉の温度が低くても温泉といえるのはどうしてでしょうか。

温泉は、一九四八年に制定された「温泉法」により定義されています。地中から湧出（ゆうしゅつ）する温水、鉱水及び水蒸気その他のガス（炭化水素を主成分とする天然ガスを除く）で、温度が二五℃以上、または特定の物質一九種類のうち一つを有するものです。つまり、湧出温度が二五℃以上あるか、それ以下であっても一九種類の物質のうち一つでも含まれていれば「温泉」ということになるのです。源泉が温かくなくても温泉です。また、二五℃以上あれば、特定成分を全然含んでいなくても温泉になります。

効能がはっきりしている二酸化炭素泉

温泉に行くと、適応症が示されたプレートが貼ってあります。様々な種類の温

◆温泉の効果

♨ 温熱効果
♨ 水圧による効果
♨ 含有成分による効果
♨ 転地効果
など

泉のうち、実際に生理学的あるいは医学的に効果・効能が明らかになっている泉質はあまりありません。

どうも温泉の効果・効能は成分にあるというよりも、お湯で温まることで神経系統やホルモン分泌への刺激、免疫活性化や代謝の促進がメリットということのようです。

その他、転地効果といわれる、緑豊かな温泉地でのんびりお湯に浸かる効果も大きいようです。

しかし、入浴は体力を消耗するという側面があります。場合によっては血行が良くなって細胞が活性化することで、かえって症状が悪化してしまうのです。また、とくにお年寄りは温度を感じにくくなっているため、熱い湯に入り過ぎてのぼせたり、心臓に負担がかかり過ぎたり、脳内出血を起こしたりする危険性があります。

◆適応症・禁忌症の例

温泉の一般的適応症

神経痛、筋肉痛、関節痛、五十肩、運動麻痺、関節のこわばり、うちみ、くじき（捻挫）、慢性消化器病、痔疾、冷え性、病後回復期、疲労回復、健康増進

温泉の一般的禁忌症

急性疾患、（とくに熱のある場合）、活動性の結核、悪性腫瘍、重い心臓病、呼吸不全、腎不全、出血性の疾患、高度の貧血、その他一般に病勢進行中の疾患、妊娠中（とくに初期と末期）

適応症を見ても、あまり画期的な効能は書いてありません。差し障りのない一般的なことだけです。というのも、これらは温泉法で定められているので、「がんが治る」「糖尿病が治る」など特定の病気がよくなるといった明らかな効果・効能は書かれていないのです。

逆に結核、心臓病、がん（悪性新生物）など明らかな疾患は、入浴を避けるという禁忌症の項目に入れられています。

「がんが治る温泉」というのもありますが、それは個人的な体験談として治った人がいるということだけで、科学的に裏付けられた効能ではありません。

そんな中で、とくに効能がはっきりしているものに二酸化炭素泉があります。

「二酸化炭素」（炭酸ガス）は、温泉法でいうとこ

ろの一九種類の物質の一つです。二酸化炭素泉（旧名：炭酸泉）は温泉一キログラム中に、二酸化炭素一〇〇〇ミリグラム以上を含んでいます。

二酸化炭素には、血管を拡げる働きがあります。血液中に二酸化炭素が増えるということは、体の細胞の中で、栄養分と酸素からどんどんエネルギーが取り出され、どんどん二酸化炭素ができているということです。

二酸化炭素が増えると、体のほうは酸素不足の状態であると認識します。そのため、懸命に酸素を細胞に送り込み、二酸化炭素を体の外へ運び出そうとします。それで、酸素や二酸化炭素を運搬している血液を多量に循環させようと、血管を拡げることになるわけです。皮膚は血行が良くなり、お湯に浸かっていないところと比べて赤くなってきます。

二酸化炭素は皮膚からしみ込みます。毛細血管や細い動脈が拡がると大動脈や大静脈の血管も拡がり、心臓に負担をかけずに血液循環が良くなるのです。血液循環が良くなれば代謝が良くなります。疲労が取れやすくなり、筋肉痛や傷が早く治ります。

温泉を沸かさずにそのまま入れる天然の二酸化炭素泉は、日本では数多くあり

◆皮膚に二酸化炭素の泡がびっしり

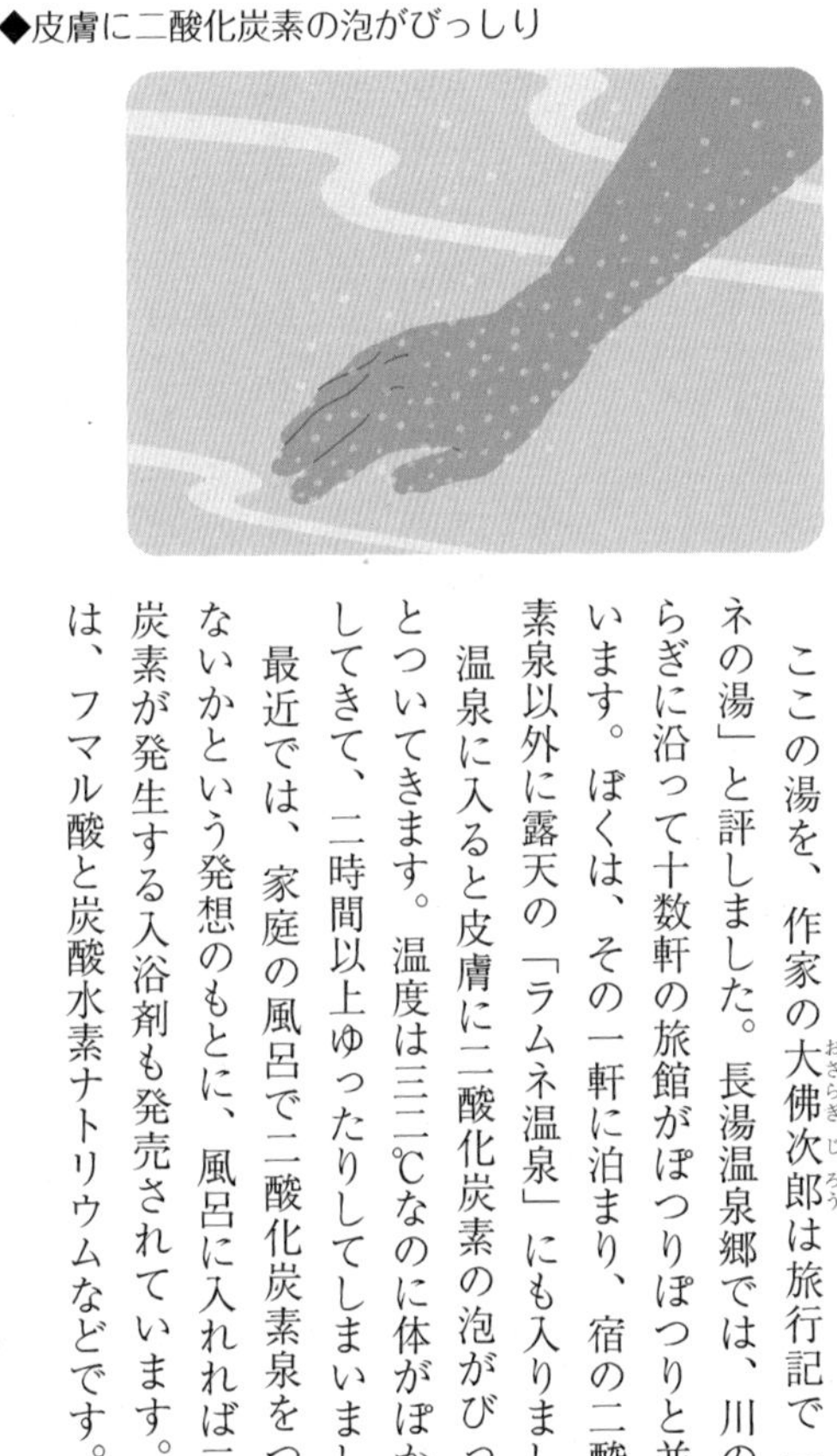

ません。その一つに大分県南西部の竹田(たけた)市、くじゅう連山のふもとにある長湯温泉郷があります。

ここの湯を、作家の大佛次郎(おさらぎじろう)は旅行記で「ラムネの湯」と評しました。長湯温泉郷では、川のせせらぎに沿って十数軒の旅館がぽつりぽつりと並んでいます。ぼくは、その一軒に泊まり、宿の二酸化炭素泉以外に露天の「ラムネ温泉」にも入りました。

温泉に入ると皮膚に二酸化炭素の泡がびっしりとついてきます。温度は三二℃なのに体がぽかぽかしてきて、二時間以上ゆったりしてしまいました。

最近では、家庭の風呂で二酸化炭素泉をつくれないかという発想のもとに、風呂に入れれば二酸化炭素が発生する入浴剤も発売されています。成分は、フマル酸と炭酸水素ナトリウムなどです。

「アルカリ性食品は身体によい」はウソ

酸性食品とアルカリ性食品はどう分ける?

梅干しやレモンはすっぱいのに「アルカリ性食品」と言われます。梅干しもレモンも、実際にリトマス試験紙などで酸性、アルカリ性を調べるとはっきりと「酸性」を示します。

つまり、アルカリ性食品といっても、そのもの自体がアルカリ性を示すというわけではないようです。

実は、食品を燃やしてできた燃えかすの灰がアルカリ性ならアルカリ性食品と言うのです。燃えかすの灰が酸性なら、酸性食品となります。

梅干しやレモンがすっぱいのはクエン酸という有機酸のせいですが、クエン酸は、炭素・水素・酸素からできているので、燃やすと二酸化炭素と水になってしまいます。燃やしてできた灰がアルカリ性を示すのは、成分としてカリウムをたくさん含んでいて燃やすと炭酸カリウムというアルカリ性の物質を生じるからです。

他に、野菜や果物、大豆、コンブなどもアルカリ性食品です。これらにはカリウムのほかにカルシウムやマグネシウムなど、アルカリ性の物質をつくる元素が多く含まれています。

硫黄やリンは燃やせば二酸化硫黄（亜硫酸ガス）や十酸化四リン（水に溶かすとリン酸）になります。ですから、元素として硫黄やリンを多く含む食品は、酸性食品になります。例えば、米や小麦などの穀類や肉、魚、卵などです。

酸性食品を食べると体内が酸性になる？

古い栄養学（わが国では数十年前くらいまで）で、食品を酸性・アルカリ性に分けていたのは、食品で体内が酸性やアルカリ性になると考えていたからです。その一方で、血液は弱アルカリ性ということがわかっていたので、「血液が酸性になると体に良くない」と考えられていました。

食品を燃焼させたときの灰で分類した理由は「体内でも、食品の燃焼と同じような反応が起こっている」ことを前提にしていたからです。

しかし、燃焼とは、七〇〇℃以上の高温で急激に起こる激しい酸化反応です。体内の反応と同じように考えてはならないでしょう。現在では、体の中で起こっている様々な反応がわかってきているので、「食品の燃えかす次第で体が酸性になったり、アルカリ性になったりすることはない」ということが明らかになっています。

体内では、血液は中性に近い、とても弱いアルカリ性に保たれています。pHとしては七・四に保たれており、変動するにしても七・三五〜七・四五の範囲です。体内でpHが大きく変化することは、様々な機能障害を引き起こします。高次タンパク質の構造に変化をもたらし、酵素活性などに大きな影響を与えます。

そのための調節が体内では行われています。例えば、その一つが、腎臓と肺の働きによる血液の酸性・アルカリ性の調節です。とくに体液の酸性・アルカリ性調節に直接関係している平衡において、もっとも大きな働きをしているのが炭酸水素イオンです。

まず水素イオンは酸性の原因となるイオンで、水酸化物イオンはアルカリ性の原因となるイオンです。

◆体内における酸性・アルカリ性調節の反応

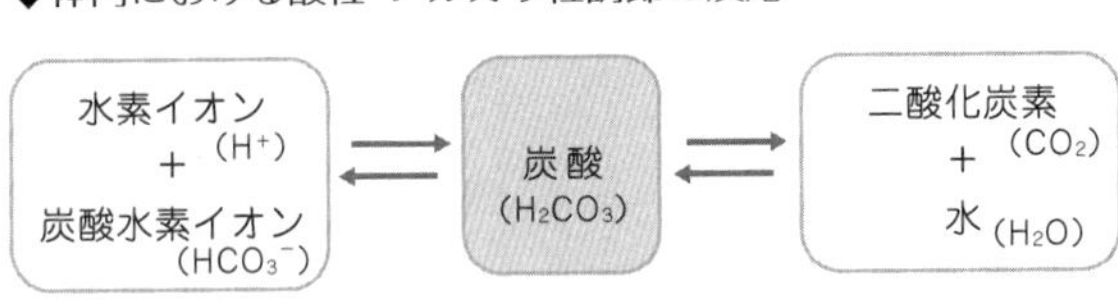

もし体液中の水素イオン濃度が上がる、つまり酸性の度合いが強くなると水素イオンと炭酸水素イオンが反応して炭酸になる反応が進みます。その結果、水素イオンが減ることになって酸性の度合いは弱まるので、「酸性の度合い」は高くならないのです。炭酸は二酸化炭素と水になり、二酸化炭素は肺から排出されます。

逆に水素イオン濃度が減少し、水酸化物イオン濃度が上がる、つまりアルカリ性の度合いが強まると、炭酸が水素イオンと炭酸水素イオンに分かれて水素イオンが増えます。増えた水素イオンは水酸化物イオンと反応して水になるので、水酸化物イオンが減って、「アルカリ性の度合い」が弱まるのです。

ほかにもリン酸系、タンパク質系でも酸性・アルカリ性調節が行われています。

そのため、酸性食品に分類された食品だけを摂り続けても体内は酸性になりません。実際、過去の実験（十日間にわたり酸性食品、アルカリ性食品だけを摂って血液の酸性・アルカリ性を調べる）からも、そのことが確認されています。

血液が酸性に傾くこともありますが、それは食品のせいではなく、肺や腎臓などの病気の結果です。血液が酸性になると長く生きるのは難しいとされています。また、血液が正常よりアルカリ性に傾くと、動悸、めまい、頭痛、手足のしびれが起こってきます。

血液のpHが六・八～七・六の範囲を出ると、つまり、酸性に傾き過ぎてもアルカリ性に傾き過ぎても、生きることが難しくなるのです。

「アルカリ性食品・飲料は体によい」は無意味

どうも日本人は「アルカリ」という言葉に「健康によい」というイメージを持っているようです。欧米の栄養学で酸性食品・アルカリ性食品の分類が無意味だとして相手にしなくなった後も、栄養学者の一部が古い考えにしがみつき「肉は酸性食品だから体によくない」「野菜はアルカリ性食品だから体によい」などという考えを振りまいたからではないでしょうか。

それを利用して、現在も食品・飲料に「アルカリ性」をうたっている業者がいるので、専門知識のない人はだまされてしまいます。食品を燃えかすで酸性食品・アルカリ性食品に分けることを止め、用語もなくすべきです。

しかし、中学校の理科教科書に「酸性食品・アルカリ性食品」を説明しているものがありました。このようなことが、いつまでも誤ったアルカリ性食品有用説をはびこらせているのではないでしょうか。

考えてみると、私たちの主食の米・穀類は酸性食品です。私たちは、酸性食品・アルカリ性食品という考えでバランスをとるのではなく、三大栄養素やミネラル、ビタミンなどでバランスを考えた食事を摂るべきでしょう。

【参考文献】
山口迪夫『アルカリ性食品・酸性食品の誤り』第一出版

Part 3

思わず試したくなる化学

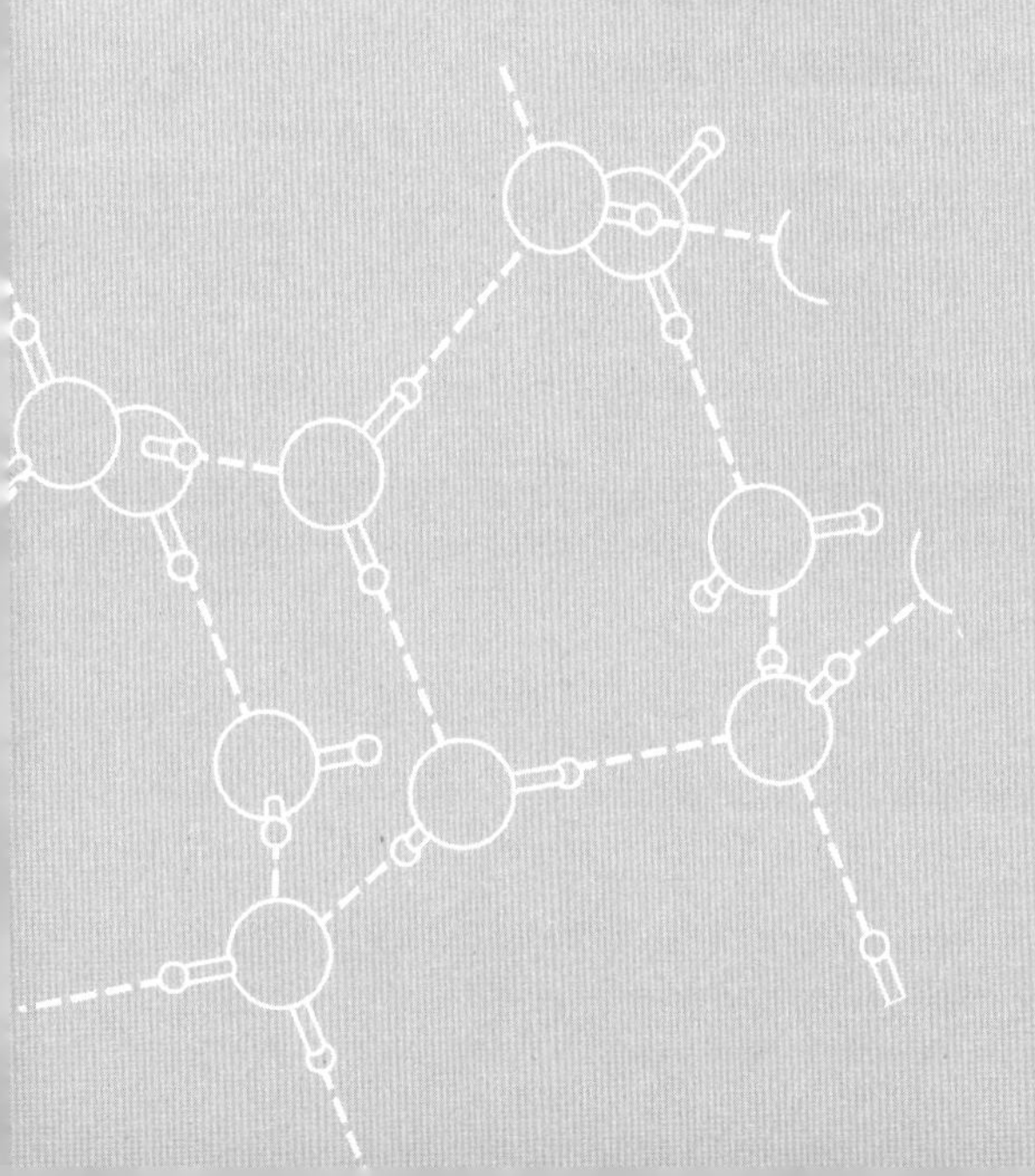

折り紙の銀紙は金属？

物質を大きく三つに分ける

世の中にある物質は、

一、分子からできている物質（分子性物質）
二、イオンからできている物質（イオン性物質）
三、金属原子だけからできている物質（金属性物質）

という三つのタイプに大きく分けることができます。ダイヤモンドやポリエチレンのような巨大分子とよばれる物質など、この三つのタイプ（三大物質）にあてはまらない物質もありますが、ここでは省略します。

固体の場合、一は分子結晶、二はイオン結晶、三は金属結晶といいます。

◆三大物質

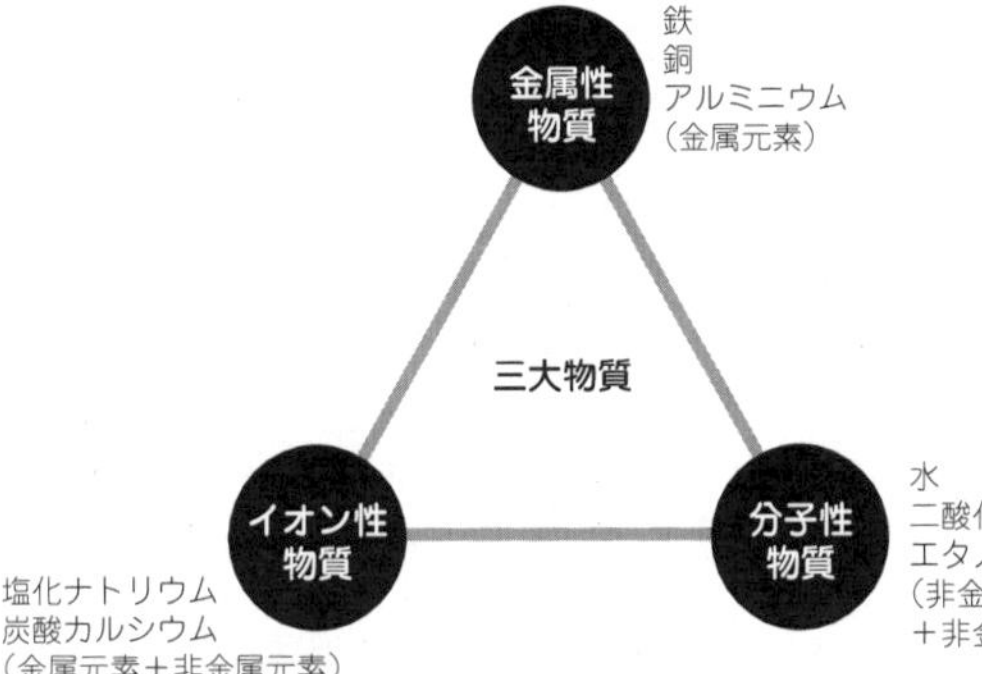

分子結晶は、やわらかくて融点が低い。イオン結晶は、硬くて融点が高い。金属結晶は金属光沢があり、電気・熱をよく伝える――といった性質があります。

これら三つに分けた物質は、金属性物質はもちろん金属元素だけからできていますが、分子性物質は非金属元素同士、イオン性物質は金属元素と非金属元素とが結びついてできています。

特有のつや＝金属光沢

周期表には約一〇〇種類の元素が並んでいますが、その八割以上は金属元素です。

金属元素の原子がたくさん集まってできた「金属」という物質のグループには、大き

◆金属の三大特徴

な三つの特徴、

○金属光沢
○電気・熱の良伝導性
○延展性

があります。

延展性とは——延性は引っぱると延びる性質、展性は叩くと展がる性質。延性と展性を合わせて延展性といいます。

「金属」は、原子レベルでは金属原子がたくさん集まった状態で、原子の所属をはずれた電子たち（自由電子）が多数存在しています。ぴかぴかの金属光沢は、入ってきた光を金属の表面近くでほとんど反射することから生じています。

金属原子が非金属原子と結びつくとき、

自由電子は非金属原子の所属になり、自由電子ではなくなってしまいます。つまり、金属元素と非金属元素の化合物は金属ではなくなっているのです。例えば鉄の酸化物は「金属」の鉄と「非金属」の酸素の化合物ですから、金属の性質を失っています。

鉄、銅、銀や金などの金属には独特のつや（光沢）があります。磨くとぴかぴかになるつやで、金属光沢といいます。十円玉など表面がさびで覆われて、茶色っぽくなっている場合がありますが、表面のさびを落とすと、赤銅色の金属光沢を示します。

金属光沢の大部分は銀色です。銀色ではない金属光沢には、銅のような赤銅色、金のような金色があります。

昔の鏡と現在の鏡

昔の鏡（青銅鏡（せいどうきょう））は金属光沢を利用していました。歴史の教科書には、よく青銅鏡の裏面（！）の写真が載っていますが、鏡として使う表面はぴかぴかしています。歴史の素材としては、鏡の形や裏の模様が重要なのですね。

◆鏡のしくみ

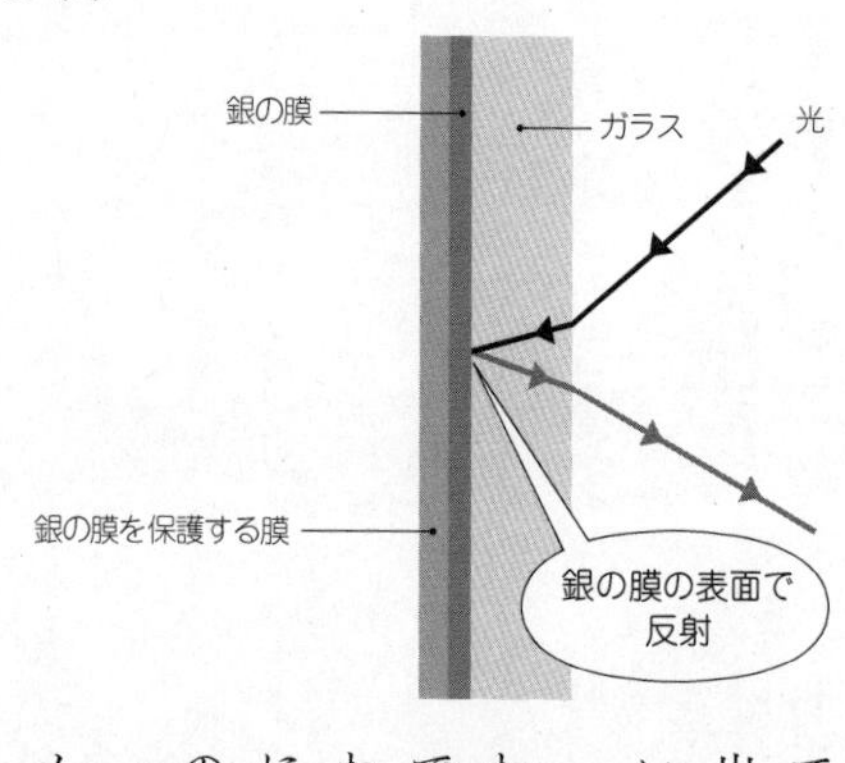

青銅鏡は、使っていると表面がくもってきます。そこで、江戸時代には鏡磨きの職人がいて、さびを落としたあと梅干しをつくるときに出る梅酢と少量の水銀を混ぜたものをうすく引いてぴかぴかにしたということです。

それでは、現在のガラスの鏡にも金属が使われているのでしょうか。鏡の裏側を紙やすりで少しずつ削ってみると、銀色の金属面があらわれてきます。削り過ぎると、素通しのガラスになってしまうので注意が必要です。その銀色の部分は、電気がよく流れます。

現在のガラスの鏡は、表はガラスで裏に銀メッキ、さらには、保護材で覆っているため、長い間、金属光沢を失わないのです。

身近な金属――「硬貨」

身のまわりには金属でできたものがたくさんあります。例えば硬貨です。現在流通しているわが国の硬貨には一円玉、五円玉、十円玉、五十円玉、百円玉、五百円玉の六種類があります。

この中で、一種類の金属からできている硬貨はいくつあるでしょうか。つまり、合金ではないものです。ちなみに、ある金属に、他の金属あるいは炭素などの非金属を加えて、とかし合わせたものを合金といいます。

合金ではない硬貨は、一円玉だけです。一円玉は純粋なアルミニウムからできています。他の硬貨は全部銅の合金です。合金にすると丈夫になるなど性質が変わって扱いやすくなるので、金属は合金にして使う場合が多いのです。

十円玉は見ためは銅だけのようですが、亜鉛やスズが混じっています。

これらの硬貨は、穴の有無、大きさなどの形、あるいは合金の材質による色合いから一目で見分けることができます。

また、高額の五百円玉の場合は材質や模様を複雑なものにすることで、偽造さ

◆硬貨の材質一覧

1円玉	アルミニウム100%（アルミニウム貨）
5円玉	黄銅（真鍮ともいう） ⇨ 銅60%＋亜鉛40%（黄銅貨）
10円玉	青銅 ⇨ 銅95%＋亜鉛3～4%＋スズ1～2%（青銅貨）
50円玉	白銅 ⇨ 銅75%＋ニッケル25%（白銅貨）
100円玉	白銅 ⇨ 銅75%＋ニッケル25%（白銅貨）
500円玉	ニッケル黄銅 ⇨ 銅72%＋ニッケル8%＋亜鉛20%（ニッケル黄銅貨）

れにくいようにしています。また、そうすることで場所によって磁力への反応のしやすさなどが変わり、偽物かどうか自動販売機でチェックしやすくなっています。

合金である硬貨にも独特のつや（金属光沢）があります。硬貨も磨くとぴかぴかになりますね。

五円玉は五円黄銅貨、十円玉は十円青銅貨、五十円玉は五十円白銅貨、百円玉は百円白銅貨、五百円玉は五百円ニッケル黄銅貨といいます。

硬貨は電気をよく通す？

乾電池に豆電球をつないで、途中の導線を切ったものをつくります。この間に電気がよく流れるモノを置くと、豆電球がつくというしくみです。この簡単な装置を「豆電球テスター」（試験

◆豆電球テスターで電気が流れるかを調べる

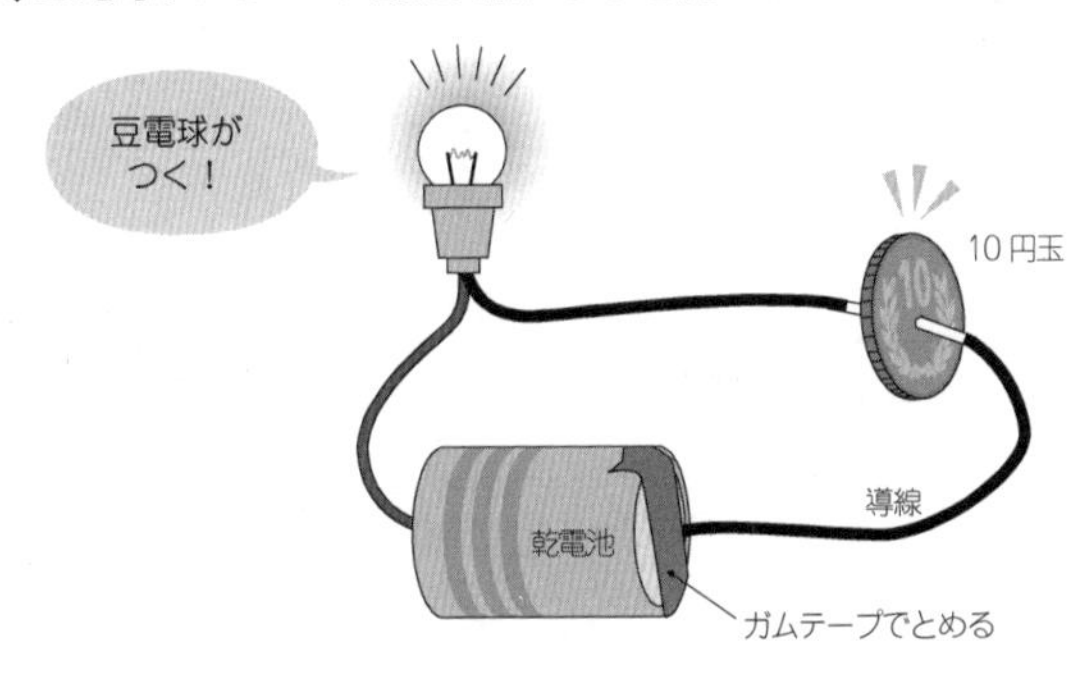

器）」といいます。

さて、豆電球テスターで赤色の金属光沢を持った銅板や銅線を置くと豆電球がつきました。銅は電気をよく通す金属ですので、電気の配線に使われています。

それでは、金属光沢を持った一円玉（アルミニウム貨）、五円玉（黄銅貨）、十円玉（青銅貨）、五十円玉と百円玉（白銅貨）、五百円玉（ニッケル黄銅貨）は、電気をよく通すでしょうか。

読者のみなさんも是非予想してください。

一円玉以外は、みな銅の合金です。まずは赤っぽい色の十円玉から試してみましょう。すると、豆電球がつきました。調べてみると一円玉から五百円玉まで、硬貨はみな電気をよく通します。

硬貨以外にも目を向けてみましょう。筆箱やその中の文房具ではどうでしょうか。銀色の金属光沢を持っている金属部分は電気をよく通します。金属製のスプーンや水道の蛇口も豆電球テスターで調べてみましょう。調べてみると電気をよく通しました。金属光沢を持っていて電気をよく通すのであれば、それは金属だということです。

折り紙の銀紙と金紙の正体

それでは、アルミサッシの表面、あるいは折り紙の銀紙、金紙はどうでしょうか。アルミニウムは、空気（酸素）や水と反応してぼろぼろになりやすい金属なのですが、自然に放置していても表面にとても緻密（ちみつ）な（ぎっしり詰まった）膜ができやすいのです。この膜は、アルミニウムと空気中の酸素が結びついてできた酸化皮膜で、いわばさびです。さびがさらにさびることを防いでくれるのです。

この酸化皮膜を人工的にもっと厚くすると丈夫になります。酸化皮膜は、もう金属ではありません。それがアルミサッシの表面などに施されているアルマイト加工です。アルマイト加工は日本人の発明です。アルミニウム製のお弁当箱なども丈夫で長持ちするようにアルマイト加工がなされています。豆電球テスターで調べると豆電球がつきません。

アルマイト部分を紙やすりでこすって内部を出せば、そこは電気がよく流れます（保護膜のアルマイト部分を削ると、そこから本体が腐食しやすくなりますので実験のとき以外は削ってはいけません）。折り紙の銀紙、金紙のそれぞれの表面は金属光沢を持っています。豆電球テスターで調べると、銀紙は電気がよく流れました。銀紙は紙にうすいアルミニウム箔が張ってあるのです。

金紙は電気が流れませんが、強く押しつけると流れることがあります。そこで紙やすりで金紙の表面を丁寧にこすってみました。あるいはマニキュアの除光液で湿らせたティッシュでこすります。すると、銀色の部分があらわれてきました。その銀色の部分は電気がよく流れるのです。実は金紙は、銀紙にさらにオレンジ色で透明なラッカー（塗料の一種）を塗ったものです。

その塗ってあるものは金属ではないので、電気を通しません。強く押しつけると電気を通すことがあるのは、その部分を突き破るからです。金属のように電気をよく通すものを導体、金属以外のほとんどのものは電気をよく通さないので不導体（絶縁体）といいます。

カルシウムは何色？

カルシウムといえば……

「カルシウムは何色？」と質問されたら、あなたはどう答えますか？

条件は、カルシウム原子だけからできている物質（単体のカルシウム）という場合です。

この質問をしたとき、一番多い答えは「白色」です。牛乳のイメージが強いせいか「白い」という答えが多いのだと思います。

カルシウムは、骨や卵の殻や小魚に豊富に含まれていますが、実は、骨やそれらカルシウムのイメージのもとになる物質は、カルシウム原子が他の原子と結びついた化合物なのです。

骨の主成分はリン酸カルシウムという「カルシウム」と「リン」と「酸素」が結びついた物質ですし、卵の殻なら炭酸カルシウムという「カルシウム」と「炭

◆カルシウム、バリウムはアルカリ土類金属

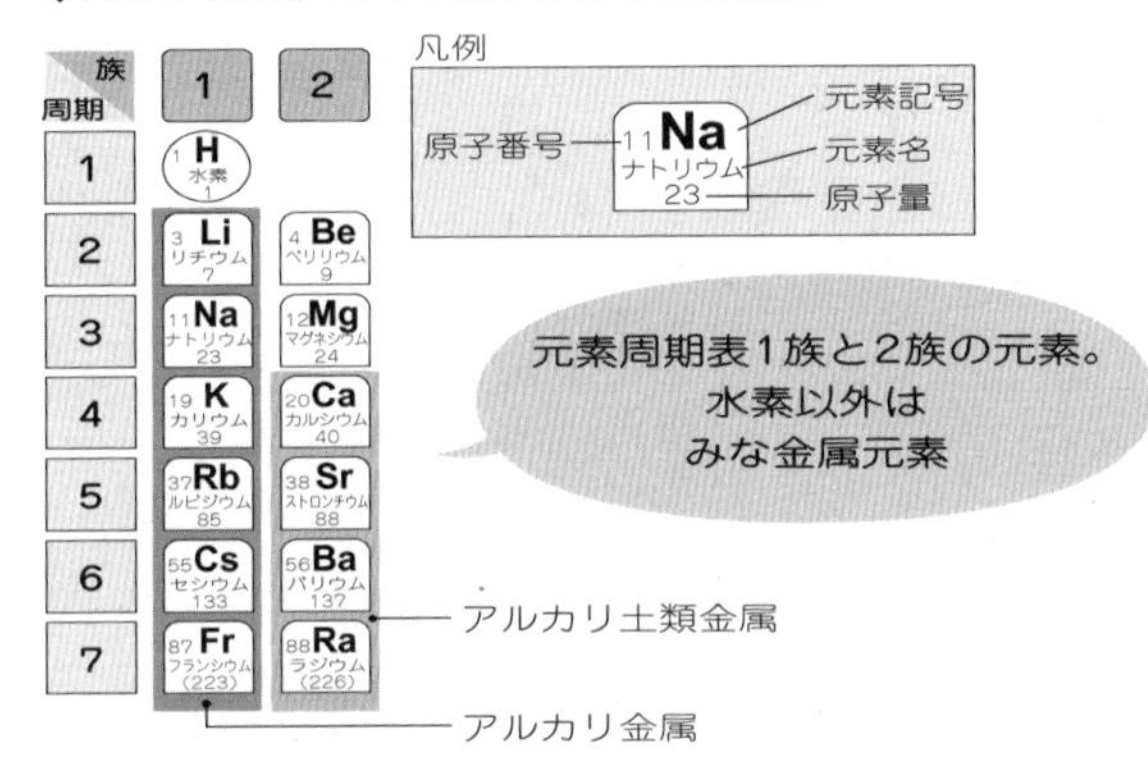

素」と「酸素」が結びついた物質です。

カルシウム原子だけからできているカルシウムは、銀色をした金属です。

カルシウムを水に入れると、盛んに泡を出しながら溶けていきます。泡の中身は水素です。液は水酸化カルシウム水溶液（石灰水）になります。

それでは、バリウム原子だけからできたバリウムの色はどうでしょうか？　バリウムといえば、胃の「X線検査」のときに飲む白濁した液体が思い浮かびますね。

「X線検査」のときに飲む「バリウム」は、正しくは硫酸バリウムという化合物です。バリウム単独ではやはり銀色をしているのです。

元素の周期表を見ることができたら、上段アルミニウムのところから階段状に金属元素と非金属元素の境目があることに気がつくでしょう。その境目の左側は、（1族の水素を除いて）すべて金属元素です。カルシウム、バリウムも金属元素です。金属という物質は、金属元素の原子だけからできている物質で、金、銅以外は銀色で、電気をよく伝える性質を持っています。

カルシウム化合物の代表「石灰」

石灰とは、狭義では生石灰（せいせっかい）のことで、広義では石灰石や消石灰を含んだ物質の総称です。天然に産出する石灰石は、炭酸カルシウムでできています。

卵の殻や貝殻の主成分も炭酸カルシウムです。石灰石を高温で焼くと、二酸化炭素を放出して生石灰（酸化カルシウム）になります。

生石灰に水を加えると、熱を発しながら消石灰（水酸化カルシウム）になります。消石灰の水溶液が石灰水です。石灰水に二酸化炭素を吹き込むと、白い沈殿物ができますが、この沈殿物は石灰石と同じ炭酸カルシウムです。

グラウンドの白線引きに〝石灰〟を使いますね。その白線引きには、かつては消石灰が使われていましたが、強いアルカリ性のため、すりむいた傷や目などに入ると危険なので、現在では炭酸カルシウムの粉末が使われています。

また、おせんべいや海苔の袋などには乾燥剤が入っています。ビーズ状の場合（シリカゲル）と白色の粉末（生石灰）の場合があります。後者は、生石灰＋水↓消石灰という反応が起こって、水がなくなるので乾燥するのです。乾燥剤の袋には「食べられません」と書いてありますが、もし食べてしまったらどうなるでしょうか？

シリカゲルは、無味・無臭、食べても無害です。しかし、生石灰（酸化カルシウム）は水分を吸っていないときは口の中の水分と反応して熱を出すので、口の中がカーッと熱くなるでしょう。やけどするかもしれません。

水分と反応してできた水酸化カルシウム（消石灰）は強いアルカリ性を示すので、口の中などがただれる可能性があります。

ケーキの銀色の粒の正体は？

口に入れる銀色の粒は金属？

ケーキを眺めていると、装飾としてケーキの上に銀色に光った小粒が並んでいることがあります。粒の大きさは様々でチョコレートの装飾にも使われています。これを「アラザン」といいます。中身は粉砂糖で、ケーキやチョコレートと一緒に食べてしまうものです。

このアラザンの表面の銀色部分はぴかぴかと輝いて、いかにも金属光沢です。それでは、この銀色部分は金属なのでしょうか？

そこで、表面に電気が流れるかどうかを豆電球テスターで調べてみました。すると、豆電球が光りました。「金属光沢をしていて、電気がよく流れる」という性質を持っていれば、その物質は金属の仲間です。つまり、アラザンも金属の仲間でした。

食べても害のない金属

それならば、その銀色の金属は何という金属でしょうか。アラザンが入っている袋には、その原材料名が書いてあります。ちょっと高度ですが、その金属が何かについて考察してみましょう。

アラザンは、すぐに色変わりしたり、ボロボロになることが少ないようです。つまりさびにくいと思われます。そして、食べてしまっても害がない物質です。

袋の表示を見ると――「銀（着色料）」と書かれていました。銀はさびにくく、銀色が長く保たれる金属です。

「仁丹」（商品名）という丸薬も表面は銀色です。仁丹は、明治三十八年総合保健薬として発売されて、現在も口中清涼剤として販売されています。生薬を銀色のもので包んであります。

「仁丹」の表面の銀色の正体

ぼくは、ある研究会で小学校教員をしている人から、金属の授業をした後に子

◆主な金属のイオン化傾向の順序

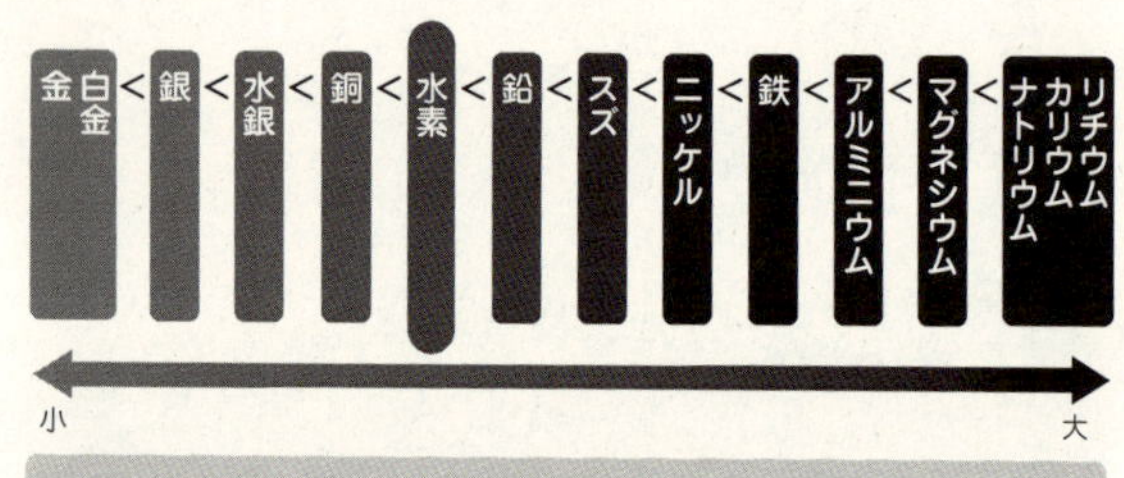

水素よりイオン化傾向が大きい金属は塩酸に溶ける。水素よりイオン化傾向が小さい金属は塩酸に溶けない。銅、水銀、銀は濃硝酸など酸化力が強い酸に溶けるが、白金、金は溶けない。白金、金は王水（濃硝酸と濃塩酸１：３の混合液）に溶ける。

どもから「おじいちゃんが飲んでいる仁丹は、銀色をしているけど金属なの?」と聞かれたので確かめたという話を聞きました。

仁丹の表面を豆電球テスターで調べると、電気が流れたので、金属だとわかったというのです。

それならば、その銀色の金属は何かという疑問が浮かびました。当時は、成分全てが表示されてはいなかったので、銀色部分が何かがわからなかったのです。

仁丹の粒を一〇個ほどうすい塩酸に入れてみました。中身は溶けるけれど、銀色の殻は溶けないままです。

例えばアルミニウムならば、うすい塩酸には溶けます。しかし、溶けないということは、イオン化傾向（水溶液中でのイオンへのなりやすさ）が水素よりも小さい金属だということです。右の図を見るとよくわかりますね。

次には、その殻だけを試験管に入れて少量の濃硝酸を入れました。濃硝酸は、酸化力が強い酸なので金、白金のようなイオン化傾向が大変に小さい金属だったら溶かさないのですが、それ以外なら溶かしてしまうはずです。

濃硝酸を少量入れたら殻は溶けてしまいました。つまり、イオンになったのです。

金属イオンの検出で、まっ先にやるのは塩酸を加えることです。そこで白く濁った場合、そのイオンは銀イオン、鉛イオンと水銀イオンです。先ほどの溶液に塩酸を加えると白く濁りました。

鉛イオンと水銀イオンは、どちらも毒性があるので口に入れるものには使わないでしょう。ここまでで、銀である可能性が高まりました。

液を濾過して白色沈殿を取り出し、日光に当てると褐色に変化しました。これにより、塩化銀の沈殿ができたということが断定できます。こうして、「仁丹」の表面は銀だったことがわかったのです。

硫化水素のにおい（腐った卵のようなにおい）がする温泉に入浴したときに、容器に仁丹を何個か入れて置いておいたら表面が黒くなりました。銀が硫化銀になって黒ずんだのです。銀のアクセサリーを身に着けたまま、硫黄泉に入ると、たちどころに黒紫色に変色します。

アクセサリーや銀食器などを輪ゴムで束ねた場合も、ゴムに含まれる硫黄で変色することがあります。

なぜアルミニウムではなく銀？

ぼくは「仁丹はどうして安いアルミニウムではなく銀を使っているのだろう」という疑問をもちました。

メーカーに電話をすると「アルミニウムでは、すぐに光沢がにぶくなってしまうんですよ。また、胃の中で溶けてしまうのです」ということでした。なるほど、銀はアルミニウムよりはるかに空気中の酸素と結びつきにくい金属です。

胃液はうすい塩酸を含みますが、銀ならびくともしないのです。アラザンも仁丹も、表面の銀色は数万分の一ミリメートルといううすい銀箔です。胃にはうすい塩酸を含んだ胃液がありますが、銀ならば塩酸に溶けません。ほとんどはそのまま排出されてしまいます。

なお、銀はほんの微量ですが水に溶けます。銀イオンがある水は殺菌作用をもっています。溶けた銀は体内に吸収されます。

銀を摂取し過ぎると、銀皮症という病気になることがあります。銀剤を体内に摂取することにより、銀粒子が皮膚に沈着した状態になり、皮膚の色が変わったりするのです。

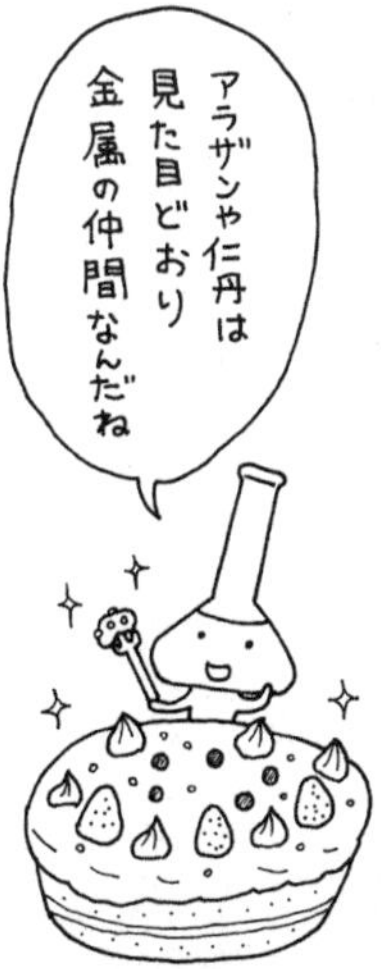

ファーブルが語る化学の魅力

『昆虫記』を書いたファーブル

アンリ・ファーブル（一八二三〜一九一五）は、フランスの昆虫学者、博物学者です。「ふんころがし」の話から始まる『昆虫記』全一〇巻が有名です。小学校や中学校の図書館には、必ず『昆虫記』が置いてあることでしょう。

南フランスに生まれたファーブルは、両親が経営するカフェがうまくいかずに破産したため、十四歳のときに家を出て土木作業員になりました。それでも学びたいという気持ちは強く、師範学校（教員になる学校）に入学、卒業して十九歳で小学校教員になります。その後も大学に進み、中学校教員、高校教員になりました。

彼は教員をしながら、大学教授になるためのお金をかせごうと八年間、植物のアカネから色素を効率よく取り出す方法の研究に取り組みました。当時、大学教授になるにはお金が必要だったのです。しかし、残念なことに、ドイツで化学的に合成された安価な色素が開発されたために、彼の研究はまったくお金になりませんでした。

ファーブルは、様々な事情で学校をやめなければならなくなり、南フランスのオランジュという小さな町にひっこみます。この地で、一八七一年から『昆虫記』が出版された一八七八年までの間、学校で教えた経験や自分の子どもたちに教えた経験をもとに、子どものための科学の本をたくさん書きました。

そのうちの一冊が『化学のふしぎ』です。どれもポールおじさんが、おいのジュールとエミールを相手に、科学をやさしく説明する形になっています。

もちろん、ポールおじさんはファーブル自身で、おいの二人は彼の息子たちがモデルです。アカネ色素の研究をしたことからもわかるように彼は化学も得意でしたし、学校でも家でも子どもたちに初歩の実験を見せながら化学を教えるのが得意だったようです。

『化学のふしぎ　やさしい実験』の日本語版は、市場泰男訳でさ・え・ら書房から一九六二年に発行されましたが、現在は絶版です。ファーブルがこの本を書いたのは、今から百数十年前です。

鉄と硫黄は選別できる

『化学のふしぎ』の素晴らしい内容の一部を紹介します。

ポールおじさんは薬局で硫黄を買い、他方、鉄をけずって鍵をつくっているおとなりさんから鉄の粉をもらってきました。

鉄粉と硫黄粉を混ぜたものをつくって、ポールおじさんは質問します。

「この二種類の粉を分けることができるかね。元どおり、まじりけのない硫黄と鉄にもどせるかな?」

ジュールやエミールと一緒に、磁石を使ったり、水の中に入れてかき混ぜることで選別しました。

「十分にひまと手間をかければ、手で一粒ずつ選別することだってできる」——これが混合物です。

ファーブルが子どもに見せた化学実験

ポールおじさんは、鉄粉と硫黄粉に水を少し入れて、こねてどろどろにしたものをガラスの瓶に入れました。子どもたちは、目をまん丸くして、わき目もふらずに瓶を見つめました。何が起こるのでしょうか。

色が次第に黒く変わり、すすのようになってきました。一方、瓶の口から蒸気がシュウシュウと音をたてながら吹き出してきました。ときどき爆発したみたいに黒い粒がピョンと飛び出してきます。瓶は熱くなっていました。火もないところにすごい熱が出ていたのです。

変化が終わると冷えてきました。ポールおじさんは、紙の上に瓶の中身をぶちまけました。まっ黒い粉です。硫黄粉は、そのなかには見あたりません。磁石をつけても、鉄粉はついてきません。硫黄でも鉄でもない、第三の物質ができてしまったのです。できた物質を硫化鉄といいます。

ポールおじさんの説明に耳を傾けましょう。

「硫黄の性質も鉄の性質もすっかりなくなってしまって、そのかわりに、そのどっちともまるっきり違った性質があらわれてきました。だから、ここで硫黄と鉄が結

◆混合と化合（化学変化）

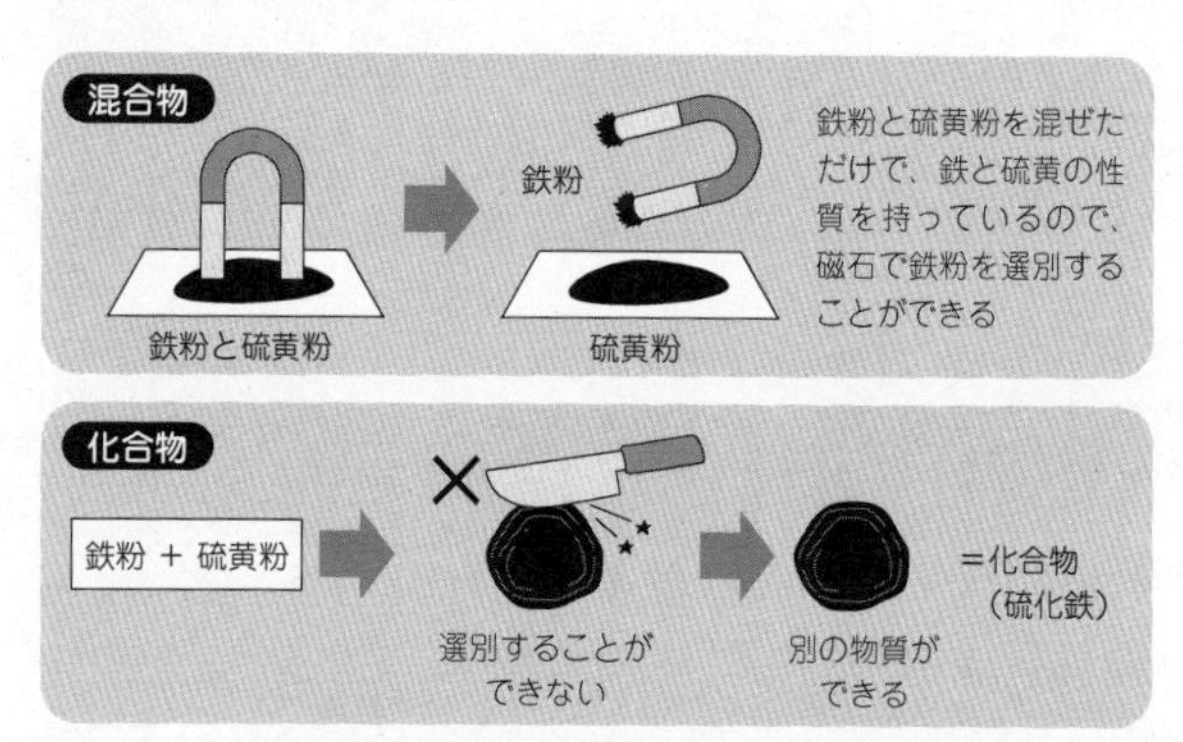

びついているつながりかたは、「混合」とよばれているただ混じりあった関係よりもずっと強い、ずっと深いものなのです。この強い結びつきのことを、化学では「化合」といっています」

鉄粉と硫黄粉を混ぜて化合させたとき、瓶は手で持ってはいられないくらい熱くなりましたが、これは鉄と硫黄が化合するときに限ったことではありません。

物質が化合するときには、たいてい熱が生じます。ただその熱がほんのわずかで、よっぽど精密な道具で計らないとわからないくらいの熱の場合が多いだけなのです。

生じる熱がものすごく多くて、そのため化合を起こしている物質が熱で赤く輝いた

◆人工火山の実験

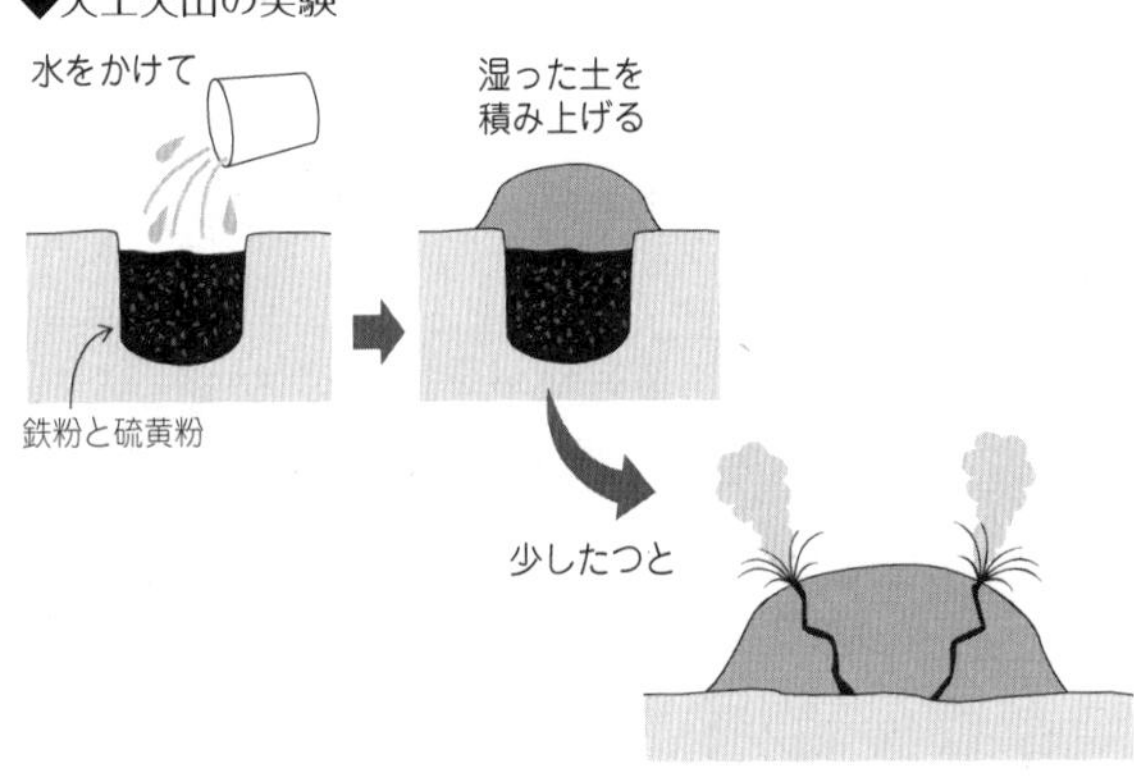

り、目もくらむほどに白く光ったりすることもあります。
化合が起こるときにはたいてい熱が出るといってよいでしょう。熱や光が出るときには、たいていそこで化合が起こっているのです。
鉄粉と硫黄粉をたっぷり用意すれば、人工火山をつくることができます。地面に大きな穴を掘って、混ぜあわせた粉をたくさん入れて、上から水を少しかけて、湿った土を積み上げて小山のようにします。
しばらくすると、まるで火山の噴火のような現象が起こります。割れ目から、熱い水蒸気がシュウシュウと音をたてて吹き出し、小さな爆発が起こったりするのです。もちろん、本当の火山のしくみとは全然違ったものです。

パンの中には何がある?

ポールおじさんが「ところで君たち、パンの中には何がある?」と問いかけます。

エミールの「小麦粉」という答えに「小麦粉の中には?」とさらに問います。そして答えがないのでポールおじさんは「小麦粉の中には炭素があるのだよ。別の言葉でいうと、小麦粉の中には炭が入っている」「それもたっぷり入っている」と言います。

冬、ストーブの上でパンをこんがり焼いて食べているジュールとエミールも、取り忘れてパンが炭になることを知っていても、その炭とパンとの関係を認識していなかったのです。「パンをしばらく火にさらすと炭が出てくることから、パンはもともと炭素を含んでいたのに違いない」という認識です。

このあとのポールおじさんの言葉を、私たち理科教育者はいつも意識する必要があります。

「世の中には、君たちが年じゅう見あきるほど見ているくせに、その本当の意味をちっともつかんでいないようなことが、たくさんあるのだよ。それは、君たちに注意して、物事を正しい目で見るように導いてくれる人がいないからだ。私はこれからもちょいちょいこういうありふれた経験をとりあげることにしよう。そういうものをちょっと詳しく調べただけで、実に大切な真理がわかってくるのだよ」

ここでぼくの考えを補足します。

鉄粉と硫黄粉の化合から「化合の意味」が全面的にわかってしまうならば、食べられない真っ黒な炭と食べられる白いパンの違いの意味はすぐわかるかもしれません。

一つ二つの例では「浅い理解」が得られるだけです。「浅い理解」で得られた考えを他の場面にも活用することで、人は「深い理解」へと至っていくのだと思います。

学校で学ぶ理科は、学校での試験にしか役に立たず、身のまわりにあふれている事物・現象を「科学の目」でも見てみようという意欲を高めません。ではそもそも「科学の目」を育てられない原因は何でしょうか？

現在の学校理科が、自然科学の事実、概念・法則の断片の寄せ集めに過ぎないので、学習が主に丸暗記ですんでしまう、ということもあります。またそれだけではなく、学んでいることを「年じゅう見あきるほど見ているくせに、その本当の意味をちっともつかんでいないようなこと」に意識的に適用することが行われていないというのも原因ではないでしょうか。

もし、その意識的適用を行うならば、学習内容の再検討が必須になると思います。「科学の目」として使えるようになる学習内容でなければ、意識的に適用しようにも歯が立たないからです。

本当に基礎的・基本的で活用範囲の広い自然科学の事実、概念・法則を核にして、それらをより系統的に学びながら、「科学の目」を育てていく学習内容が求められます。

ガスとけむり

さて、『化学のふしぎ』に戻りましょう。

パンの中の炭素はひとりぼっちではなく、他の物質と結びついて化合物になっています。パンを熱すると他の物質はみんな追い出されて炭素だけが残ります。ポールおじさんは、パンを焦がしたときに出てくる「けむり」が炭素と化合していた物質だとします。

現在の科学知識からすると小麦粉は、炭水化物やタンパク質などからできています。熱分解すれば水蒸気がたくさん出ますが、他にもホルムアルデヒドのような物質も出ます。ポールおじさんの「けむり」は、本当は「ガスとけむり」です。ガスは目に見えませんが、けむりはその粒が目に見えます。

燃えると軽くなるけれど……

理科教育の中で「物質不滅の法則」の重要性がいわれることがあります。この場合の「物質」は、具体的な化学物質を指すのではなく、もっと広い概念のようです。

ぼくはミクロなレベルでは原子の不滅性、マクロなレベルでは元素の不滅性を表していると思います。法則としては「質量保存の法則」です。

ポールおじさんは言います。「たとえ、どんなにわずかな物質でも、私たちの思いのままに消したり、または生まれさせたりすることはけっしてできないのだ」。具体例は家を建てること、それを壊すことです。家を壊しても、その材料のモルタルに混ぜた砂一粒もあまさず、どこかには残っています。たとえ目に見えないほど小さな粉だって、風に吹かれて飛んでしまっても、決してこの世から消えてしまったのではなく、風のためにどこか離れたところへ移っただけです。

パンが炭になるときも、けむり（ガスとけむり）は、空中に散らばってすぐに見えなくなってしまいますが、どこかにちゃんとあるのです。「たき木を燃やすと、ちょっぴりの灰しか残りません」。

「でも……」とジュールが口ごもります。

ファーブルが子どもの本を書いた約百年前でも（いや、そのずっと前からも）、現在でも、子どもたちには「燃えると軽くなる」という素朴な概念が生き続けています。

ファーブルは、こうした素朴な概念にも丁寧に対応しながら「化学のふしぎ」

を説いているのです。

木を燃やすとき、できる物質の大部分は、「ごくこまかなちりよりもずっとまたこまかいものなんだ。それは大気のなかに散らばって、見えなくなってしまう。目にとまるものといったら、一つまみの灰しか残らない。それでとかく私たちは、灰のほかのものはなくなってしまったと考えがちなのさ。ところが、それはけっしてなくなっていない。ちゃんと残って、大気の中に浮いている。ただそれは、空気と同じように、すきとおっていて、色もなく、手にもつかまえられないのさ」。

「これはたき木にかぎったことじゃない。私たちが熱や光を得るために燃やす、燃料ぜんぶについていえることなんだ」

「物質はたえず化合したり分解したり、また化合したりして、無数の組み合わせをつくり、休みなしに移り動いている。数え切れないほどの化合物が年じゅうこわれたり新しくつくり出されたりしている。こうして物質はかぎりなく変化を続けているが、全世界を見わたしても、一粒でもなくなることはないし、また一粒でも新しく生み出されることはない」

その後、放射能をもった元素の発見があり、質量とエネルギーの等価性がいわれるようになっても、理科教育において元素や原子の不滅性の認識が大変重要であることは変わりません。

百年以上も前にファーブルは教員としての経験から、元素や原子の不滅性が重要であることをつかんでいたのです。

原子はなくならない

物質はすべて原子からできています。原子は化学変化では壊れることはありません。消えてなくなることもありません。どんな化学変化が起こっても、原子の数も種類も変わりません。化学変化では、原子が結びつく相手を変えるだけです。

このことが「質量保存の法則」がなりたつ根拠です。

炭素原子に注目してみましょう。近年大気中に少しずつ増えている二酸化炭素は、有機物の燃焼や生物の呼吸などによって排出されます。一方、二酸化炭素は植物に光合成の原料として取り込まれたり、海に溶けたものが生物の体の一部に取り込まれたりしています。植物が光合成でつくった有機物は、地球上の動物や私たち人間の食べ物になっています。

ですから、私たちの食べ物は、元をただせば空気中の二酸化炭素であったといえるでしょう。二酸化炭素中の炭素は、こうしてなくなることなく地球のなかでぐるぐる循環しています。

環境によくない影響を与える原子、例えば水銀原子も壊れず、消えません。

水銀の化合物を含んだ汚水を川や海に流せば、なくなることはなく、川や海に残ります。その水銀原子を含む化合物は植物プランクトンに吸収され、それを食べる動物プランクトンから小魚へ、さらにそれを食べる大きな魚へと移動して、だんだん濃縮されて最終的には水銀原子が濃縮しているとは知らないで食べてしまった人が、水銀のために病気になってしまいます。

原子は新しく生まれもしないし、なくなりもしないことを考えて、環境にとって悪影響を及ぼす物質や原子は発生したところで、自然界に出ないような処理をしなければなりません。

超入門―酸とアルカリ

酸とは何か？

酸が初めて定義されたのは、今から約三百五十年前のことです。

イギリスの化学者ロバート・ボイル（一六二七～九一）は、一六六〇年に、「酸とは、一、すっぱい味がする　二、多くの物質を溶かす　三、植物性の青色色素（リトマス）を赤色に変える　四、アルカリと反応すると、それまで持っていたすべての性質を失う物質である」と述べています。

燃焼理論の確立者であるフランスの化学者アントワーヌ・ラボアジエ（一七四三～九四）により近代化学の門が開かれると、酸の本体をその構成元素に求めようとする研究傾向があらわれました。ラボアジエは、酸を特徴づける元素として〝酸素〟を考えました。

当時、酸とは「酸性酸化物に中性の水が結合したもの」と信じられていました。酸性酸化物は炭素、硫黄や窒素など非金属元素と酸素が結びついたものなので、酸は必ず酸素を含んでいると考えられていたのです。

食塩と硫酸を原料につくられる塩酸も、当然酸素をもつ化合物であると信じられていました。ところが、塩酸は酸素をもたず、塩化水素の水溶液であることがわかったとき、化学者の間には戸惑いが広がりました。

食酢や塩酸はすっぱい味をもち、青色リトマスを赤色に変え、亜鉛や鉄などの金属を加えると、金属を溶かして水素ガスを発生させます。このような性質を酸性といいます。化合物のうち、その水溶液が酸性を示すものが酸です。

酸のもつ共通な性質は何か？

有機化学の元祖であるドイツの化学者ユストゥス・リービッヒ（一八〇三～七三）は、「金属元素で置換される水素がある化合物」として、酸を定義しました。例えば、亜鉛は硫酸と反応して、硫酸亜鉛と水素になります。

このとき、硫酸の水素は亜鉛に置換されています。酸の水素がこのように金属で置換されると、酸性がなくなったり弱くなったりします。したがって、酸性は水素によることが明らかになりました。

しかし、水素を構成要素として持つすべての化合物が酸性を持っているわけではありません。例えば、メタンCH_4は四個の水素原子を、エタノールC_2H_5OHは六個の水素原子を持っていますが、亜鉛のような金属で置換できる水素原子は一個もありません。

この違いがはっきりしたのは、十九世紀末に、スウェーデンの化学者アレーニウス（一八五九〜一九二七）が電離説を唱えるようになってからです。

アレーニウスの電離説では、酸とは水溶液中で水素イオンを与える物質である、ということになります。つまり、酸であるかどうかは、物質を構成している水素原子が、水溶液中で電離して、水素イオンになるかならないかによって決まるのです。

酸性は、この水素イオンH^+（正確に言えば、オキソニウムイオンH_3O^+）によることが明らかになりました。こうして、アレーニウスの酸の定義が市民権を得て、現在でも、水溶液中の場合はアレーニウスの説は広く普及しています。

アルカリと塩基

◆酸とは水溶液中で水素イオンを与える物質（アレーニウスの電離説）

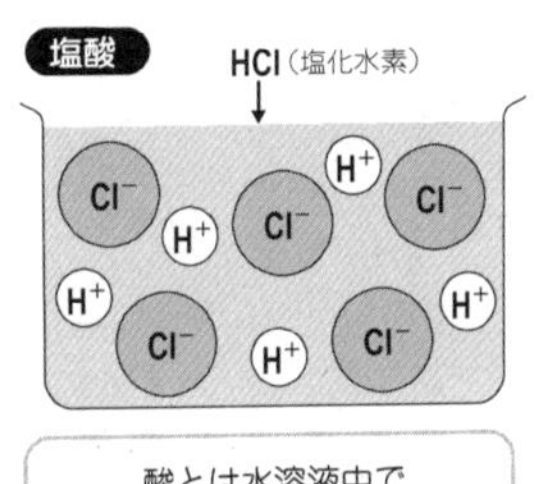

水酸化ナトリウム（NaOH）水溶液

Na^+ OH^-

塩基とは水溶液中で
水酸化物イオンを与える物質

塩基は水溶液中で水酸化物イオンOH^-を生じる物質で、酸と中和して、塩と水を生じます（水を生じない場合もあります）。塩基（base）は、塩の基（base of salt）の意味で、酸と中和して塩をつくる物質という意味です。

アルカリとは、もともとは、陸の植物の灰（主成分は炭酸カリウム）および海の植物の灰（主成分は炭酸ナトリウム）をまとめて、アラビア人が名づけたもので、灰という意味です。後に「塩基のうち水によく溶けるもの（水酸化ナトリウム、水酸化カリウムなど）」に限定して、アルカリとよぶことが一般的になりました。主としてアルカリ金属（周期表で1族のリチウムから下）、アルカリ土類金属（2族のベリリウムから下）の水酸化物を指しています。

「紅茶にレモン」で色変わり

お茶は三つに分類できる

お茶は、その製造方法の違いにより、大きく三つに分類することができます。大まかに、緑茶、紅茶、ウーロン茶の三つです。緑茶は、お茶の葉を発酵させないでつくる不発酵茶、紅茶は完全に発酵させる発酵茶、ウーロン茶はその中間的な存在で適度に発酵させる半発酵茶です。

これらのお茶は、もともと同じ茶の木（中国原産のツバキ科）の葉を原料にしてつくられています。同じ種類の木の葉からつくっていますが、それぞれのお茶の成分は発酵の度合いによって少しずつ違っています。

緑茶には、乾燥茶の三〇％程のポリフェノールが含まれています。ポリフェノールとは、ベンゼンやナフタレンのような芳香環（いわゆるベンゼン環のかたまり）に複数のヒドロキシ基（-OH）が結合したものが複数集まった化合物の総称です。

緑茶のポリフェノールのほとんどはカテキンです。紅茶では、発酵の過程でカテキンが二つ結合したテアフラビン（一～二％）やテアルビジン（一〇～二〇％）が含まれています。その中間的なウーロン茶にはカテキン、テアフラビン、テアルビジンが含まれています。

レモンを入れると色がうすくなる理由

レモンにはクエン酸という酸が五～七％含まれていて、その汁は酸性を示します。レモンを入れると紅茶の色がうすくなるのは、「酸性のせいかもしれない」という想像ができますね。

それでは、紅茶に酸性の酢をたらしてみましょう。やはり、色がうすくなりました。

紅茶の色の中には、酸性で色がうすくなる成分が入っているようです。実は、紅茶の色は、明るい橙色のテアフラビン、濃い赤色のテアルビジン、赤褐色の酸化重合物の三成分からなっています。このうち、テアフラビンという色素が、酸性になるほど色がうすくなる性質があるからなのです。

真っ赤→黄色になるカレーソース焼きそば

山田善春さん（大阪市立生野工業高校教諭）に教わったおいしい実験を紹介します。

まずフライパンにコップ八分目ほどの水を入れて、火にかけて沸騰させます。そこに中華そばを一玉入れて軽くほぐし、麺が軟らかくなったところでカレー粉をお好みの量だけかけて混ぜ合わせます。すると、麺の色が真っ赤になります。

この真っ赤なカレー焼きそばにウスターソースをかけてみましょう。かかったところが黄色に変化します。全体が黄色になるまでかけます。

最後に、別に炒めた野菜や肉と一緒に混ぜるとカレーソース焼きそばのでき上がりです。

真っ赤から黄色に変化したのはなぜ？

理科の実験でよく使うリトマス試験紙（酸性で青色→赤色、アルカリ性で赤色→青色）には、昔はリトマスゴケという地衣類から抽出された色素が使われていました。現在は人工的に合成された色素が使われています。同じように、ムラサキキャベツ（赤キャベツ）のしぼり汁が酸性・アルカリ性で色が変わることはよく知られています。あの紫色の色素はアントシアニンと呼ばれ、黒豆やムラサキイモ、ブルーベリーやブドウなどにも含まれる色素です。

アントシアニンは植物界に広く存在する色素であり、花の青色色素の総称です（アントシアニンはラテン語で、「アント」は「花」、「シアニン」は「青色」を意味します）。この色素は酸性からアルカリ性になるにしたがって、赤色・紫色・青色へと変化します。

他にも酸性・アルカリ性で色が変わる色素があります。カレー粉の成分の一つである黄色のターメリック（ウコン）とよばれる香辛料はアルカリ性で赤色になります。ターメリックに含まれるクルクミンという色素が色変わりするのです。

麺にカレー粉を加えて赤くなったということは、中華そばにアルカリ性の物質が含まれているということです。

そのアルカリ性の物質はカン水です。カン水は、食品添加物の一つで、中華そばの麺をつくるときに用いるアルカリ剤です。物質としては炭酸カリウム、炭酸ナ

◆真っ赤なカレー焼きそば

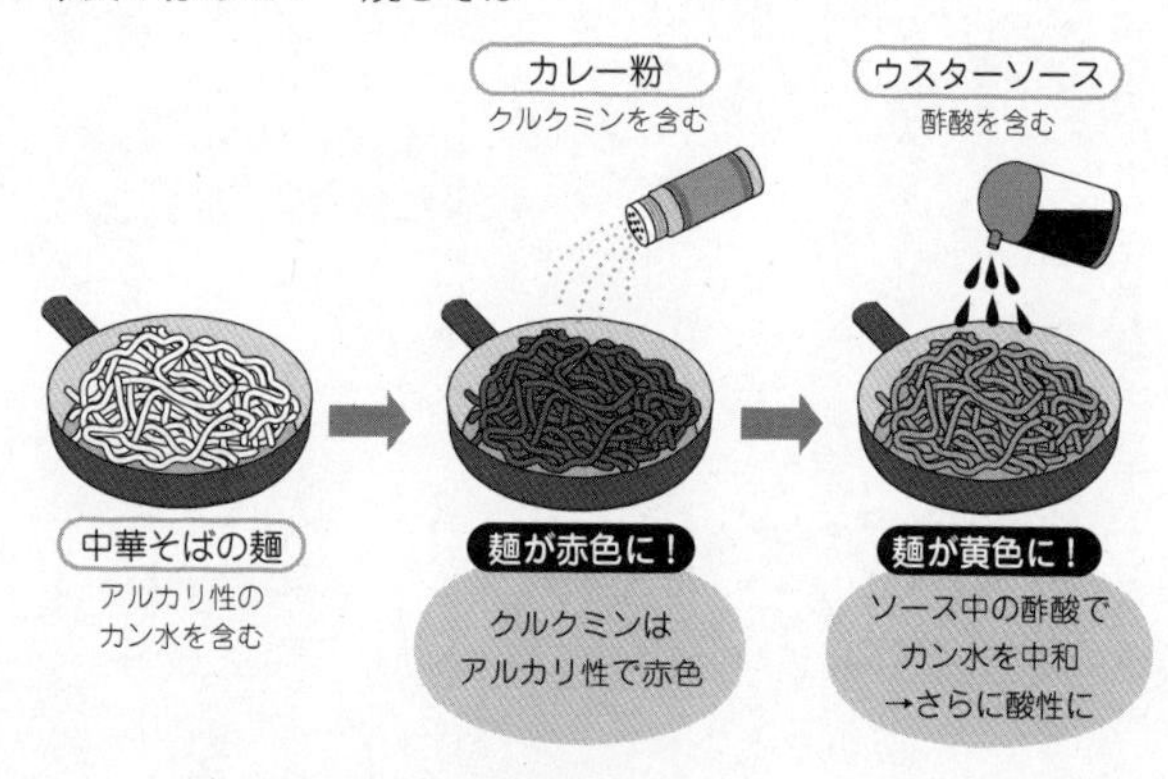

トリウム（炭酸ソーダ）、炭酸水素ナトリウム（重曹）、そしてリン酸類のカリウム塩またはナトリウム塩の四種類のうち一種類以上を含んでいます。ふつうは、主に炭酸カリウム、炭酸ナトリウムが使われています。

カン水を水に溶かすと弱いアルカリ性を示します。このアルカリ性のため、小麦粉のグルテンの分子構造が変化（タンパク質が変性）して粘性を増し、麺の弾力性が強くなるのです。

また、中華麺特有の香りを持つようになります。中華麺に特有の黄色はカン水を加えた結果です。

ですから、この実験は、カン水を含んだ麺でなければなりません。山田さんによれば

「安い中華麺ほどうまくいく」ということです。

ウスターソースには酢が含まれていて、酸性を示します。カン水で赤色になったクルクミンにソースをかけると、カン水のアルカリ性を中和するので黄色に戻ります。

缶詰のみかんのひみつ

一房ずつに割れるしくみ

みかんの缶詰工場では、静岡、愛媛、九州などでとれた温州みかんを使って缶詰をつくっています。

収穫されたみかんは、選果場でサイズ別に分類されます。缶詰工場では、みかんを熱湯に通すか、蒸気をあてて外皮（外側の皮）を柔らかくします。外皮がふやけた状態で、外皮剝きの機械に投入します。

この機械はローラーに外皮を巻き込んで剝くものです。だいたい七割くらいは機械で剝けますが、残った外皮は人手で剝いていきます。

次に、みかんを水の勢いで逆円錐形に張られたゴムの糸の間に押し込みます。そこを通り抜けると一房ずつに割れるしくみになっているのです。

◆「みかん」の身割り

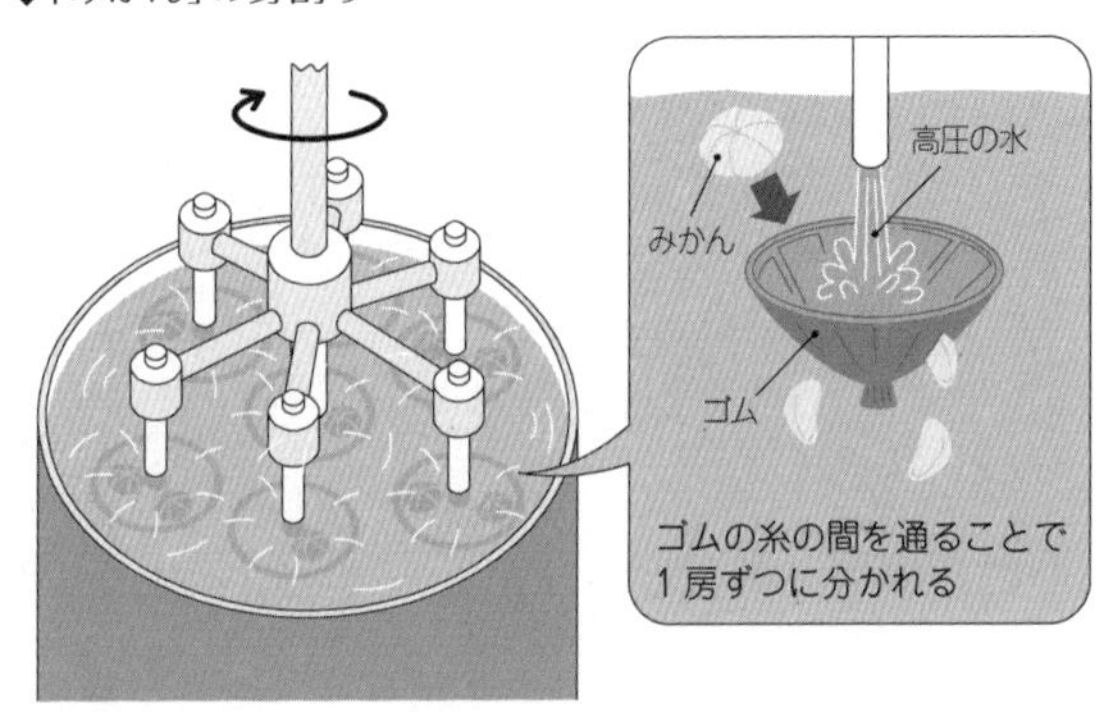

【参考文献】『モノづくり解体新書　三の巻』日刊工業新聞社

一房ずつの皮は薬品で処理

身割りが終わると、一房ずつのみかんの皮（袋）の処理です。ここからは薬品の出番です。

使う薬品は塩酸と水酸化ナトリウム水溶液。

最初は、〇・七％塩酸と共に三十分かけて流し、その後〇・三％水酸化ナトリウム水溶液と一緒に十五分かけて流します。すると、房の皮は溶けて剥がれるのです。

あとは、水で薬品をよく洗い流します。薬品と言っても、食品に使ってもよいとされる純粋なものを使っており、最後には水で洗うので製品には残りません。

また、皮がとれたみかんの房の中には、米粒大の小さい袋がありますが、下手をするとそれまで溶かしてしまうので、房の表の皮だけがとれるように薬品の濃度や温度、通す時間を微妙に調整しています。

これで、おなじみの缶詰のみかんと同じ姿です。この後は、様々な大きさの房を、ローラー選別機で選り分けていきます。

皮をとった房を缶に入れて、シロップ（糖液）を注いで、真空状態で缶にふたをします。これで、みかんの缶詰のできあがりです。

皮を薬品で
溶かすんだね
前からふしぎだった
缶詰のみかんの謎が
やっと解けた！

殻を酢で溶かして「ぷよぷよ卵」

半透明のオレンジ色

にわとりの生卵を酢に一日浸けると、殻のない不思議な卵（ぷよぷよ卵）ができます。殻の内側は、酢に溶けない卵殻膜（らんかくまく）という比較的丈夫な膜で包まれているから、そこだけが残るのです。

卵は硬い殻で包まれています。その卵の殻は、炭酸カルシウムという物質でできています。

酢（主に酢酸水溶液）は、炭酸カルシウムを溶かす性質を持っています。ぷよぷよ卵をつくるときに、酢の中から泡が湧いてきますが、これは卵の殻をつくっていた炭酸カルシウムと酢が反応してできた二酸化炭素です。

炭酸カルシウム＋酢酸→酢酸カルシウム＋水＋二酸化炭素

つくるのに必要なものは、生卵、酢、塩、ガラスの容器（卵を横にして入れられる大きさの物。ジャムや蜂蜜の瓶など）です。

《つくり方》

①容器に卵を入れ、卵の上まで酢を入れる（殻の表面に二酸化炭素の泡がいっぱいついてくる。だいたい半日ごとに酢を新しいものに入れ替える）。

②まだ全体が白っぽくても、表面から泡が全然出ず、指で押してみてぷよぷよしていたら容器から出す（ここまでで最低約一日。一日半くらいは酢に浸けたい）。

③丁寧に水で洗って白っぽい表面を取る（爪をたてたり、強くこすると破れる）。これで、白身と黄身が薄い膜（卵殻膜）で包まれたぷよぷよ卵のできあがり。卵殻膜は、タンパク質が主成分の強い繊維状の物質でできていて比較的丈夫である。卵殻膜は食酢に溶けずに残る。

【注意】ぷよぷよ卵をつくるのに使ったのは、卵や酢です。それぞれは食べたり、飲んだりしても安全です。卵の殻と酢の反応でできる酢酸カルシウムも毒性が強い物質ではありません。同様な方法でつくる「酢卵」という食品もありますが、今回の実験のためにつくった卵は（食酢で殺菌されているとは思いますが）、食べるのは止めておきましょう。

◆ぷよぷよ卵

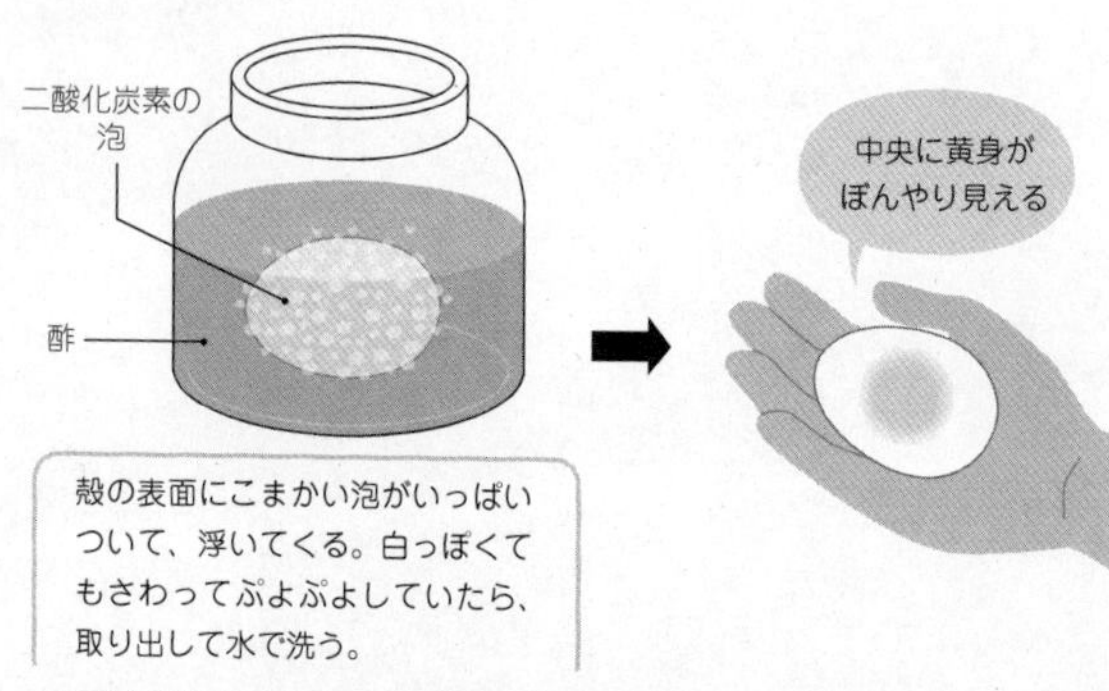

【参考文献】左巻健男『ぷよぷよたまごをつくろう』汐文社

ぷよぷよ卵ができたら、よく観察しましょう。

内部は卵殻膜に包まれています。少しくらい押しても膜は破れません。この卵は、その膜のおかげでゴムボールのように押してもぷよぷよする性質があります。

全体が半透明で黄身がぼんやり見えます。灯(あか)りにすかしてみましょう。中の黄身がはっきり見えます。

元の卵と比べて大きさはどうでしょうか。

さらに実験してみましょう。水の中にぷよぷよ卵を入れて、少なくとも二〜三時間以上置いておきます。すると、ぷよぷよ卵は元の大きさより大きくなります。

次に、ぷよぷよ卵に塩をかけてしばらく

置いておきましょう。塩は、全体にこすりつけるようにすると、今度は小さくなりました。

大きさが変わる理由

ぷよぷよ卵が大きくなったり小さくなったりしたのは、ぷよぷよ卵を包んでいる膜（卵殻膜）に秘密があります。卵殻膜には水を出し入れできる小さな穴が開いているのです。

この穴は普通の顕微鏡では見えないほど小さく、一〇〇〇万倍にして直径が数ミリメートルくらいです。水に浸けたときには、この穴から水が入り込んで卵が膨れて、塩をすり込んだときにはそこから水が出ていったのです。水よりも分子が大きい白身や黄身の物質は、この穴を通り抜けることはできません。

このような膜を半透膜といいます。自然界には、濃さが違う液がふれあうと同じ濃さになろうとする傾向があります。卵殻膜は、膜の外側と内側を同じ濃さにしようとして、水分の出し入れをしたのです。ただし、卵殻膜は穴がやや大きく粗っぽい半透膜のようです。

この現象は、野菜を漬け物にするときにも見られます。塩をかけると野菜から水分が出てくることは知っている人も多いでしょう。これは、野菜の細胞膜が半透膜だからです。野菜の内部より塩のほうが濃いために、水分が出てくるのです。ナメクジに塩をかけると体内から水分が出て縮むのも同じことです。

ぼくは高校生に化学を教えていたとき、浸透圧の授業でアヒルの卵大になったぷよぷよ卵をいくつか回覧しました。生徒たちは、キャーキャーと声をあげて触っています。

また、ポリ袋にカットしたキャベツを入れたものを二つ用意し、一つに塩を入れて、口を閉じて両方をよく揉みました。口を開けて、中の水が出るようにすると、塩を入れて揉んだほうから水がじゃーっと出るところを見せました。

「この現象が起こることで他に何か事例を知っている？」と聞くと「ナメクジに塩をかける！」と返答がありました。「そう言うと思って、ナメクジを用意してきたんだ」と、半透膜の透析チューブに色水を入れて両端をしばったものを見せます。「本物のナメクジだと可哀相だから、人工ナメクジをつくってきたんだよ」。

人工ナメクジは、バットに置いて塩をかけておくとチューブから色水がにじみ出てきて少しずつ細くなっていきました。

「塩味ゆで卵」はどうやって味をつける？

駅の売店などでゆで卵が販売されています。そのゆで卵を食べると、ふしぎなことに塩味がついています。「どのように塩味をつけたんだろう？　どこかに孔(あな)を開けてから、塩水でゆでたのかな？」と、殻をじっくり見ても孔は開いていません。殻を割らないで塩味ゆで卵にする――。一体どういう方法でしょうか。

実は、卵には見ただけではわからない小さな孔が開いているのです。卵も生きているので呼吸をします。そのために気体を出し入れする孔が開いています。卵が古くなると軽くなったり腐ったりしますが、それは、その孔から水分が蒸発して出ていったり、その孔から細菌やかびが入り込むからです。

その孔は「気孔(きこう)」とよばれます。さらに内側に入ると、粗い半透膜の卵殻膜があります。塩味は、殻の気孔や卵殻膜を通ることができるので卵に味が染み込んでいくというわけです。

ここで、塩味ゆで卵を家庭でつくる方法を読者のみなさんにもお伝えします。

まず、ゆで卵が熱いうちに冷たい飽和食塩水に浸けて六時間くらい冷蔵庫に入れてください。すると、冷める過程で卵の内圧が低下して塩が内部に浸透するため、殻の外側から内部に塩味が染み込むようです。

塩味ゆで卵をつくっている業者は、タンクの中の飽和食塩水にボイル直後の卵を浸けて圧力をかけ、浸透圧で塩味を染み込ませています。

温泉卵のつくり方

「さかさ卵」をご存じでしょうか？　別名、温泉卵ともいいます。

ふつうに家庭でゆで卵をつくると、白身（卵白）のほうから固まっていきます。「半熟」という場合は、黄身（卵黄）がまだ固まりきれていない状態です。ところが、「さかさ卵」は、黄身は固まっているのに白身がぐじゅぐじゅしているのです。「さかさ卵」をつくるには、六五～六八℃の温度を保ちながら、三十分以上熱する必要があります。そのためには温度計が必要です。

どうして「さかさ卵」になるのでしょうか？

卵の成分のタンパク質は、熱を加えると固まる性質があります。白身と黄身では、含まれているタンパク質が違うので、固まる温度に違いが出ます。白身は七〇℃以上で固まりはじめ、しっかり固まるには八〇℃以上の温度が必要です。黄身は六八℃くらいで、少し長い時間をかけると固まります。

ですから、「さかさ卵」にするには白身が固まる温度以下で、黄身が固まる温度で長く熱するとよいことになります。

洗濯糊で「手作りスライム」

スライムって何!?

スライムづくりは、科学イベントや実験教室などの科学遊びで大人気のものづくり実験です。得体の知れないぐにゃぐにゃの感触があり、ゆっくりと引っぱれば伸びていき、急に引っぱると切れたりします。スライムは、携帯型ゲームのキャラクターとしてもおなじみです。

そもそも、スライムは英語のslime（軟泥、粘液……）からきています。ぼくがスライムという言葉を、科学遊びの手作りスライムとは違う一般的な意味で見たのは、下水道関係の文献を読んでいるときでした。バクテリアがつくるぬるぬるの生物膜の塊というものでした。粘着物をさす言葉なのです。

カプセル自動販売機に硬貨を入れ、レバーをガシャッと回すとポンッと出てくるガチャガチャのカプセルの中にスライムが入って売られていることがありました。

◆スライムを引っぱる

【参考文献】左巻健男『手づくりスライムと9の実験』汐文社

このスライムを洗濯糊などでつくる科学遊びを紹介しましょう。

スライムづくりに挑戦！

手作りスライムがわが国に紹介されたのは、一九八五年のことでした。東京で開かれた第八回国際化学教育会議で米国の化学教育者が高分子の実験として、わが国の化学教育者たちにデモンストレーションしたのです。

そのスライムには、ポリビニルアルコール（PVA）という物質の粉末が使われていました。それを使ってPVA溶液をつくり、ホウ砂（しゃ）水溶液を混ぜるとスライムができるのです。

当初は「PVA粉末を水に溶かすのが難しい」という難題に直面しましたが、鈴木清龍氏（当時、宮城教育大学教授）の「市販されている液体洗濯糊はPVAの溶液だから、それを用いよう」という提案により、洗濯糊を使うことで簡単にスライムをつくることが可能になりました。

ぼくもPVAの粉末からPVA溶液をつくったことがありますが、なかなか溶けてくれません。辛抱強くかき混ぜながら少量ずつ溶かしていくしかありません。はじめから溶液になっているPVA成分の液体洗濯糊を使うと、とても簡単で便利なのです。

この方法は、一九八六年八月に秋田市で開かれた第三三回科学教育研究協議会全国研究大会の「お楽しみ広場」で宮城支部が紹介したため、それを見た人たちから全国に広がっていくきっかけになりました。

磁性スライムの開発

砂鉄や四酸化三鉄の粉末を入れたスライムをつくり、ネオジム磁石のような強力な磁石を使うと、磁石を近づけると角が出たり、スライムがまるで生き物のよう

◆磁性スライム

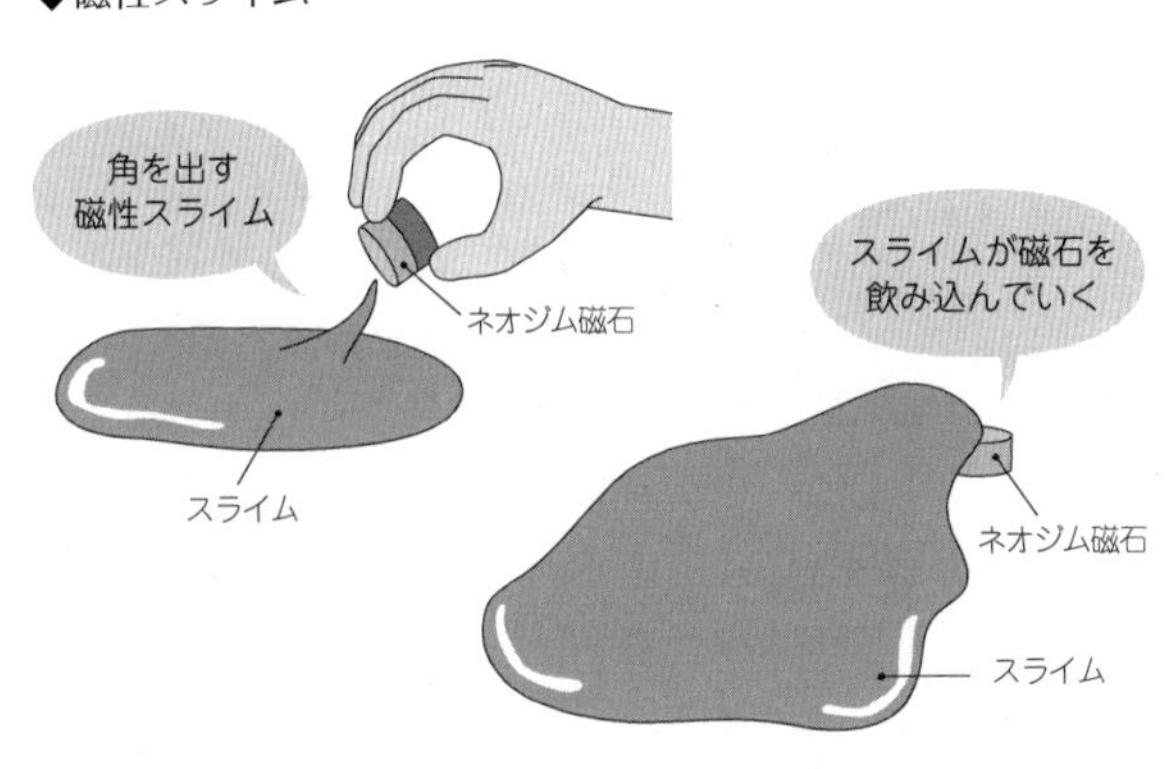

に磁石に吸い寄せられたり、磁石を食べるかのように磁石を包み込むようになります。

これは山本進一氏（当時、東京都立戸山高校教諭）が開発した実験です。

手作りスライムの工夫

その後、絵の具や食紅などで着色したスライムや磁性スライム以外にも、ラメを入れたり、蛍光剤（簡単には蛍光ペンの芯をとり、水に入れて蛍光剤の水溶液をつくる）や蓄光材を入れて暗いところで光ったりするスライムが広がっていきました。

また、毒性のあるホウ砂の飽和水溶液を使う従来の方法を見直し、ずっと薄いホウ砂水溶液で安全なスライムづくりができることを手嶋静氏（会社経営）が示しました。

手嶋氏の方法では、ごく薄いホウ砂水溶液を使っているのでずっと安全性が高まりますが、それでも念のためにスライム遊びのあとは十分な洗浄が必要です。

その方法は次のようになります。

《スライムのつくり方》

①一％ホウ砂水溶液、色水（水溶性の蓄光剤を溶かしたもの）を同量つくっておく。
②フィルムケース三個に①の二液と洗濯糊をそれぞれ同量ずつ入れておく。
③ポリ袋（できればジップロック式のものが扱いやすい）に色水と洗濯糊を入れて、よく混ぜ合わせる。
④糊に色がよく混ざったら、一％ホウ砂水溶液を入れてまたよく混ぜ合わせる。
⑤蓄光剤を入れた場合は、部屋を暗くすると光るので子どもは大喜び！

グアガムからつくる手作りスライム

ツクダオリジナルが販売していたカプセル入りのスライムは、グアガム（天然の糊成分）からつくっているという話が伝わってきました。洗濯糊とホウ砂を使う手作りスライムより、ずっと伸びがよいものでした。

グアガムからのスライムづくりを成功させたのは藤田勲氏（当時、埼玉県立飯能南高校教諭）です。一九九九年に『理科教室』誌に「グアガムスライムを作ろう〜お餅のようなモチモチスライム〜」を紹介しています。

ぼくが共同編集した『おもしろ実験・ものづくり事典』（東京書籍）で、これまでに名前を出してきた鈴木清龍氏、藤田勲氏、山本進一氏、手嶋静氏にそれぞれの手作りスライムの方法を紹介してもらいました。

それらは次のようなテーマ名です。

鈴木清龍「元祖・洗濯のりのスライム」
藤田勲「よく伸びて長もちする新スライムをつくろう」
山本進一「スライムを使ったいろいろな遊びと実験」
手嶋静「安全で確実なスライムづくり」

こうしてみていくと、わが国の手作りスライムには三十年近くの歴史があることがわかりますね。

カルメ焼きの化学

カルメ焼きとは？

かつてお祭りの夜店で、甘いにおいで子どもたちを惹(ひ)きつけたカルメ焼きというお菓子があります。

煮つめた砂糖液に白い固まりを先につけた棒を入れてかき混ぜると、ぷーっとふくらんでできるのがカルメ焼きです。正式名称はカルメラ焼き。さくさくした感じの甘いお菓子です。

家庭でカルメ焼きをつくることが流行(はや)った時期があります。終戦後、砂糖は〝配給〟でした。配給というのは、お店で好きなだけ買えるのではなく各家庭に人数などによって決まった量が支給される制度です。そんなとき、限られた砂糖をそのままなめるよりはカルメ焼きにしたほうがおいしいと人々は考えました。おじいちゃん、おばあちゃんがいる方は話を聞いてみてください。

◆カルメ焼きの鍋

その後はお祭りの夜店の屋台の人気のお菓子になりましたが、今は見かけることが少なくなりました。

カルメ焼きは、割ってみると穴だらけです。内部でガス（気体）ができるために、穴だらけになります。つくるときに棒についていた白いかたまりには、ふくらし粉に使われる重曹（じゅうそう）（炭酸水素ナトリウム）が含まれています。

重曹は熱い砂糖液に入れると分解して二酸化炭素（気体）を出します。その二酸化炭素が穴の原因なのです。

カルメ焼きの化学反応は、炭酸水素ナトリウムの熱分解です。

炭酸水素ナトリウム→炭酸ナトリウム＋

水＋二酸化炭素ということです。

以前、ぼくのカルメ焼きの授業が「カルメ焼きで理科大好き」なる記事として読売新聞夕刊に紹介されたことがあります。それがきっかけで新聞記事データベースでそれを見つけたNHKの番組担当者から取材されたことがありました。コピーライターの糸井重里（しげさと）さんが持っていたカルメ焼きの鍋を取り上げるものでした。

ぼくは番組の中で、カルメ焼きはお祭りの夜店では廃（すた）れても、理科の楽しい教材として生き残っていくと述べました。現在中学校理科の教科書は五社から出ているのですが、そのいずれにもカルメ焼きが紹介されています。

カルメ焼きづくりのポイント

砂糖を熱して重曹を入れてかき混ぜるとふくらむ――このように、簡単にカルメ焼きはできるものでしょうか。実は、試してみるとほとんどが失敗するのです。重曹から出た二酸化炭素（気体）が抜けてしまってふくらみません。

ぼくは、若い頃（三十数年前）、どうしたら失敗せずにカルメ焼きをつくれるか、挑戦し続けました。わかったのは、砂糖液の表面がすぐに固まって二酸化炭素の逃げ場がなくなったときに、カルメ焼きはふくらむということです。

砂糖液が固まらないでどろどろしていると、二酸化炭素が抜けてしまってふくらまないのです。ガスでふくらむときに砂糖液が急激に固まる状態になっていないと駄目なのです。

砂糖液の状態は、その温度によって変わります。つまり、カルメ焼きがふくらむ状態の砂糖液は温度でわかります。うまくふくらませるポイントは温度だったのです。


〈失敗しないカルメ焼きのために用意するもの〉

- 大きいお玉杓子（直径が一〇センチメートルくらい）またはカルメ焼き用の鍋
- 砂糖（グラニュー糖と三温糖）
- 重曹（炭酸水素ナトリウム）
- 卵（卵の白身）
- 温度計（二〇〇℃まで測れる温度計）
- 割りばし数本
- 細い針金

・計量スプーン（大さじ）
・紙コップ
・紙
・ガスコンロあるいはガスバーナー

カルメ焼き用の銅製の鍋は直径が一一センチメートル、深さが三センチメートルあります。私は直径が八・八センチメートル、深さが二センチメートルのお玉杓子で試してみたら、ぎりぎり成功しましたが、お玉杓子の場合にはもっと大きいものを選びましょう。液の温度を正しく測るために、液の深さが必要なのです。

〈カルメ焼きをつくる前の準備〉

・温度計付きのかき混ぜ棒

温度計を割りばしにはさみ、針金でしばって温度計つきかき混ぜ棒をつくっておきます。このとき、温度計の球部をほんの少しだけへこませ、温度計の一二五℃のところに印をつけておきます。

◆温度計付きのかき混ぜ棒

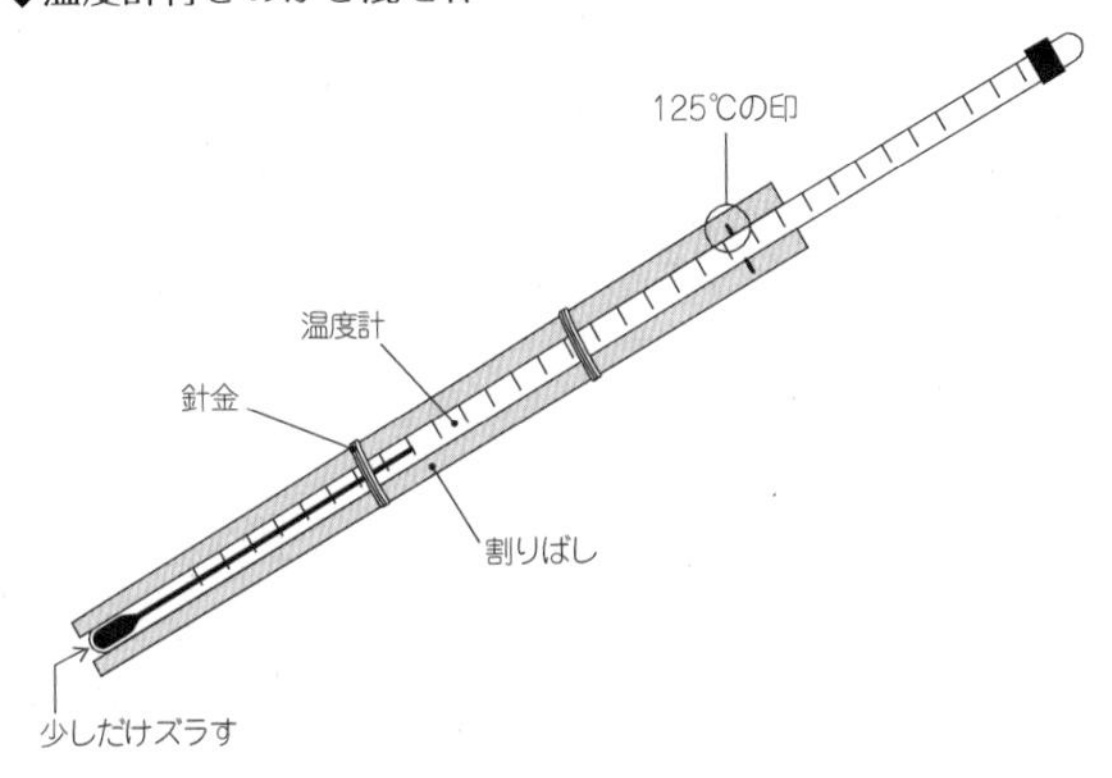

◆「白い固まり」のつくり方

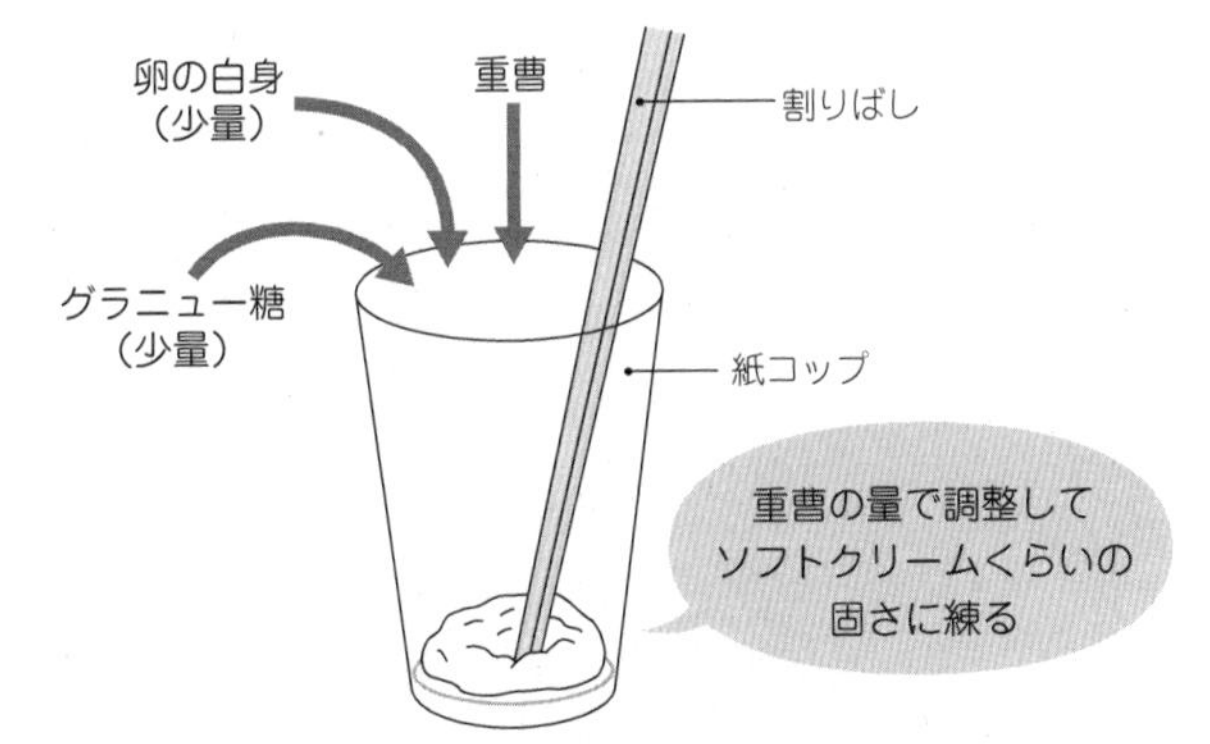

・「白い固まり」をつくる

紙コップに、重曹＋卵の白身＋グラニュー糖を練ったものをつくっておきます。

卵の白身を少量とり、そこに重曹（炭酸水素ナトリウム）を加えてはかき混ぜ、ソフトクリームくらいの固さにします。そこにグラニュー糖を少量加えて練っておきます。重曹にグラニュー糖を加えておくと、グラニュー糖液が固まりやすくなる――つまり結晶になるときの核になるのです。

一個の卵の白身でカルメ焼きを四〇個ぶんくらいつくれますから、最初に使う卵の白身は何個くらいつくろうとしているかで量を考えてください。

・かき混ぜ棒

カルメ焼き用の鍋を使う場合は、セットのかき混ぜ棒を使います。お玉を使う場合は、割りばしを三本ほど束ねたものを使います。割りばしが太くないとかき混ぜの効率が悪いからです。

かき混ぜ棒の先端に「白い固まり」を小豆〜大豆ほどの大きさにつけておきます。

《カルメ焼きのつくり方》

①カルメ焼き用の鍋での場合、グラニュー糖・大さじ軽く山盛り二杯と三温糖・大さじ軽く山盛り一杯、水・大さじ一・五杯を鍋に取ります。これで、グラニュー糖＋三温糖は四五〜五〇グラム程度です。水はその半分の重さです。

▼お玉や鍋で、まん中に斜めに温度計を入れたときに球部が完全に液中に入り、正しく液の温度が測れるような液の量になることがポイントです。

▼大きいお玉でないと駄目なのは、液の温度が正確に測れないからです。

②中火で熱します。このとき、温度を測りながらかき混ぜます。泡が出るまでは強火でもＯＫ。一〇四〜一〇五℃あたりで温度上昇がいくぶん停滞します。

▼激しくかき混ぜる必要はありません。液の温度が全体に均一になる程度にかき混ぜます。

▼一〇五℃までは、出てすぐ消える切れのよい泡です。

③一〇五℃を超えたあたりから、鍋を火から遠ざけ、温度がゆっくり上昇する

ようにします。一二五℃を超えたら、鍋をすぐに火からおろし、机の上におきます。

▼ゆっくり一〇数えます。泡がおさまればＯＫです。

▼一〇五℃を超えていくと泡に粘りけが出てきます。泡がこぼれないように、しかしきちんと液の温度を測るようにかき混ぜます。

▼一一〇℃を超えたあたりから、同じように熱していると温度の上がり方が急激になります。一一〇℃を超えたら鍋を火から少し遠ざけ（あるいは弱火にして）、少しずつ温度が上がるようにします。ここが温度調節の一番のポイントです。

▼火から下ろす温度は一三〇℃を超えないように注意します。見る間に温度が上がっていくような熱し方だと超えてしまい、失敗します。

④白い固まりを先端につけたかき混ぜ棒を液のまん中に入れ、円を描いてかき混ぜます。ここでうまくいっていれば全体が白色になり、さらに黄色を帯びます。

▼円を二〇回ほど描いて、まん中からかき混ぜ棒を引き抜きます。
▼ぷーっとふくれてきます。
▼かき混ぜていると液が次第に粘っこくなり、鍋の底が部分的に見えるようになります。そうしたら引き抜きます。液の状態によっては二〇回を待たずに引き抜く必要があります。

⑤固まったら、鍋の底全体を遠火で熱して（とくに鍋のふちの部分）、鍋とカルメ焼きのくっついている部分をとかします。（傾けたり、割りばしで押すと、カルメ焼きが動くようになったら）紙の上にあけて、できあがりです。

《カルメ焼きの後片付け》

①鍋に液の一部が残っていても、そのまま次のカルメ焼きをつくってOKです。
②実験が終わってみると、砂糖が器具などにべったりくっついているということになりやすいので、ガスコンロにアルミホイルを巻いておくとよいでしょう。
砂糖は水に大変溶けやすいので、こびりついた砂糖は、そこに水をかけたり、

水のなかにしばらく入れておいたりしてから掃除します。使ったものは、水のなかにしばらく入れておいてから洗うと簡単です。

③もし失敗してふくらまずに砂糖液がこびりついた鍋は、水を入れて火にかけてかき混ぜると砂糖液がとれやすくなります。

砂糖液の温度と性質

砂糖液は、その温度によって様々な状態に変化して元にもどりません。

一一五℃や一二〇℃では水あめ状です。一二五℃の液は、冷やした瞬間に丸く固まり、指で押すとつぶれる状態です。一三〇℃の液は、すぐに硬く固まります。一三五℃も固まります。一四〇℃では糸を引く状態になります。

ですから、カルメ焼きがうまくふくらんで固まるのは、液が一二五〜一三五℃（一三〇℃が最適）の範囲なのです。

お菓子のシロップ、フォンダン、抜絲（バースー）、カラメル（あるいはキャラメル）などは、この性質を利用しています。

なお、べっこうあめは、色がうすくついて、ガラス状に固まるもので、砂糖液は一五〇～一六〇℃の範囲です。ぼくは、液の温度を測りながら熱して一五〇℃を超えてしまったら、アルミホイルの上に置いた楊子(ようじ)に液を注ぎ、べっこうあめをつくっています。

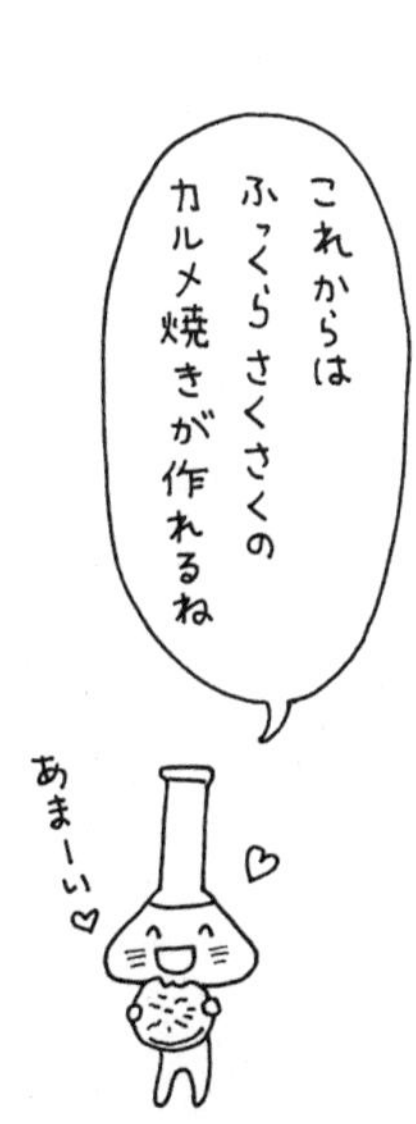

輪ゴムができるまで

身近なゴム製品――輪ゴム

力を入れると伸びたりねじれたり自在に形を変える輪ゴム。輪ゴムはとても身近なゴム製品です。

ゴムの特性を整理すると次の三つがあります。

一、柔らかい（石や鉄、ガラスなどに比べて）

二、大きく変形させても壊れない（石や鉄、ガラスなどに比べて、例えば折り曲げても）

三、かなり大きく変形させても、力を抜くと元に戻る（例えば強く折り曲げても）

とくに、手を離すと元に戻るという「三」の性質が、ゴムらしいという意味で

◆ゴムの３つの特性

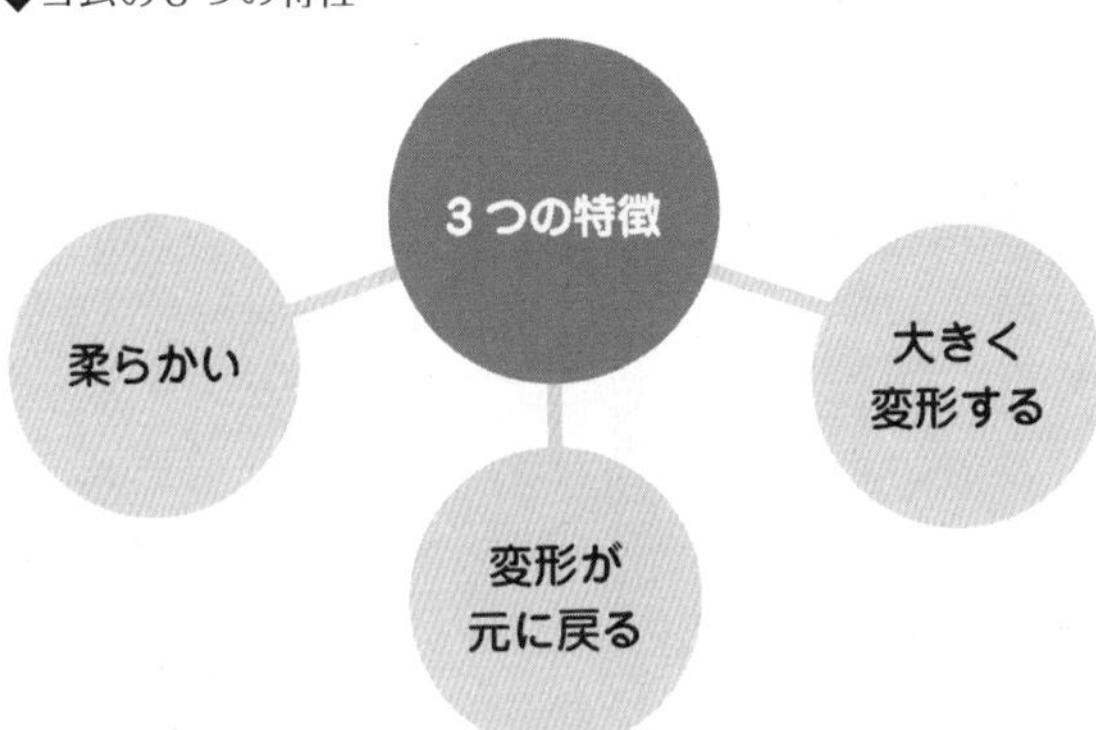

◆材料の硬さ（弾性率）

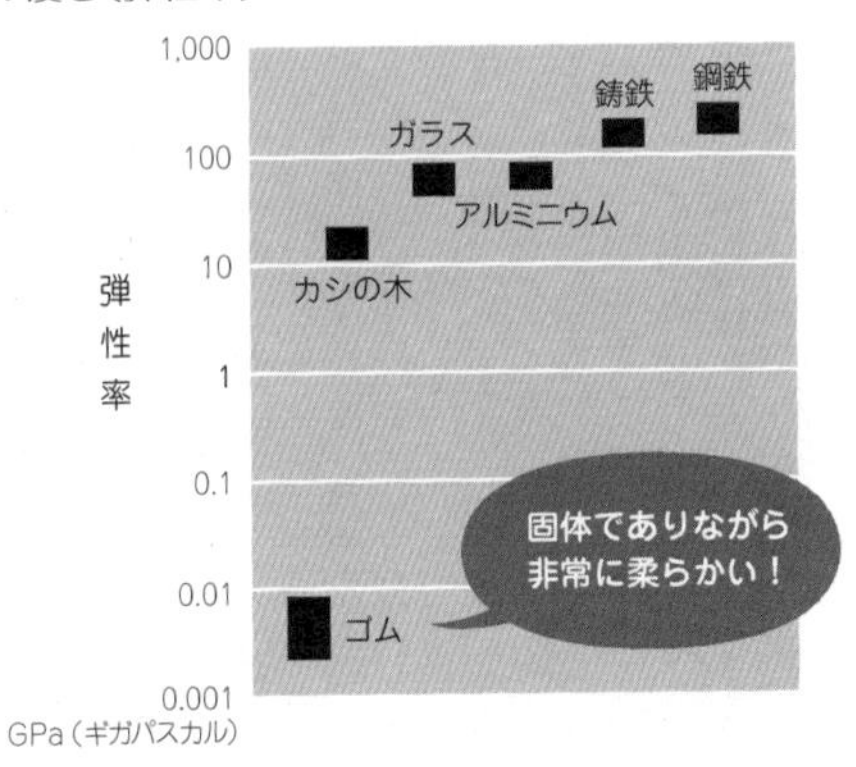

必要な条件です。

実際に材料の硬さ（弾性率）を比べると、ゴムは他の材料より圧倒的に柔らかいことがわかります。元の形から数倍伸ばしてもちゃんと元に戻ってくれます。

材料の硬さ（弾性率）は、「モノをある大きさの力で引っ張ったときにどのくらい伸びるか」で表すことができます。そのときの弾性率は、力を伸び（元の長さから余分に伸びた長さ）で割ることで求めます。単位はGPa（ギガパスカル〈一×一〇の九乗パスカル〉）で、この数値が小さいほど、同じ力で伸びるモノになります。

タイヤチューブを切れば輪ゴムになる？

自転車のタイヤチューブを細く輪切りにしたものから生まれたのが、輪ゴムです。

輪ゴムや粘着テープをはじめとする包装資材、自転車関連のタイヤチューブなどのメーカー、株式会社共和の前身は、共和護謨工業株式会社でした。一九二三年、創業者の西島廣蔵（ひろぞう）が自転車のチューブを薄く輪切りにした輪ゴムを考案して売り出しました。輪ゴムは、様々なものを整理するのに大活躍。日本銀行が紙幣を束

◆ゴムの木と樹液を受ける容器

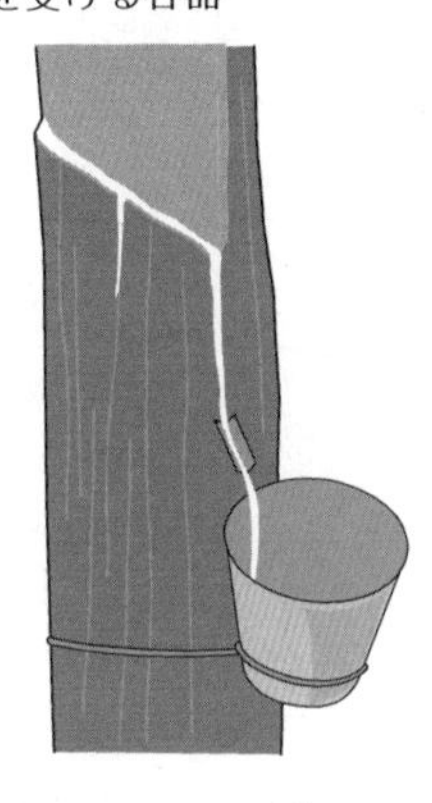

ねるのに採用しました。

輪ゴムの活躍の場は広がり、食品関係にも使われるようになりました。そうすると、元が自転車のチューブだと衛生上の問題があります。

そこから、現在の輪ゴムが生まれるのです。輪ゴムのつくり方を、原材料であるゴムの木の樹液から見ていきましょう。

ゴムの木から樹液を採る

ゴム園は、ほとんどが赤道周辺、特に東南アジア諸国に集中しています。中南米原産のトウダイグサ科の植物であるゴムの木の幹に傷をつけると、そこから樹液が染み出してきます。この樹液を受ける容器に採ります。

何千本もの樹木から集める、非常に地道な作業です。こうして得られた樹液をラテックスといいます。

かつては、ラテックスを加熱したり、煙でいぶしたりして水分を蒸発させて「生ゴム」をつくっていました。土でつくった型にラテックスを塗って乾かし、中の土を砕いて取り出し、ゴムの壺や水筒をつくりました。

ゴムをヨーロッパにはじめて紹介したのはコロンブスだといわれています。一四九三年の第二回目の航海でプエルトリコやジャマイカなどに上陸し、そこで原住民が大きく跳ねるボールで遊んでいるのを見てとても驚いたそうです。

しかし、持ち帰られたゴムは、文字消しやおもちゃとして使われただけでした。ちなみにゴムを意味するラバー（Rubber）は英語で「こすって消す（rub out）、つまり文字消し」からきています。

現在では生ゴムは、ラテックスに酸を加えて固め、さらに加工のための配合剤を加えてよく混ぜてつくります。異物を取り除いたりしたものはプレスされてブロック状にします。硫黄や硫黄の働きを助ける促進剤、顔料を混ぜてよく練りこんでいきます。

チューブ状に押し出したものを加硫して弾力性を出す

それでは、輪ゴムのつくり方に戻りましょう。

押し出し機という機械に生ゴムと硫黄や促進剤、顔料を混ぜて練ったものを入れてチューブ状に成型します。このチューブの内径は、つくる輪ゴムの大きさによって変えられます。つまり、直径の大きな輪ゴムであれば内径の大きなチューブ、小さい輪ゴムであれば内径の小さなチューブがつくられるわけです。

しかし、まだこの段階では弾力性が弱いままです。ここで、加硫ゾーンを通過させて高温で加熱します。すると、ひも状で絡み合っただけだったゴムの分子どうしを硫黄分子が橋かけをしてゴムに弾力性が出てきます。

ゴムが弾力性が強いモノとして実用化されるようになったのは、米国のチャールズ・グッドイヤー（一八〇〇～六〇）が一八三九年の冬、ある偶然からゴムに硫黄を混ぜて加熱する「加硫」とよばれる技術を開発して以降です。加硫により、ゴムの弾性が飛躍的に上がり、さらに劣化しにくくなり耐久性が上がりました。加硫は、ゴムの実用化の歴史の中で画期的な発明でした。劣化しやすいので不思議な感触のおもちゃ類にしか使われなかったのが、タイヤなどに用途が広がりました。

加硫したチューブは、機械で一定の幅に切断されます。このときの切断の幅により、細い輪ゴムから太い輪ゴムまでいろいろな輪ゴムをつくることができます。あとは、輪ゴムを機械で一気に洗浄して乾燥。これで輪ゴムのできあがりです。できあがった輪ゴムは、用途に応じて袋や箱につめられて出荷されます。

加硫を行っていないゴム（生ゴム）は、一度変形したら戻らないのに、加硫すると弾力性が増し、戻るようになります。

ゴムに力を加えない状態では、ゴムの長い分子はたるんだ状態にあります。生ゴムは、引き伸ばすとある程度の弾力性を示しますが、長時間伸ばしたままにすると元に戻らなくなります。これは、分子の位置関係がずれていってしまうからです。

加硫すると、ゴム全体を硫黄分子が橋かけをして、魚網のようなネット状態になるので元に戻りやすいのです。

輪ゴムの伸び縮みによる温度変化

太い輪ゴムを限界まで伸ばして、その中央部を軽く唇ではさみます。そのまま

◆生ゴムから加硫ゴムへ

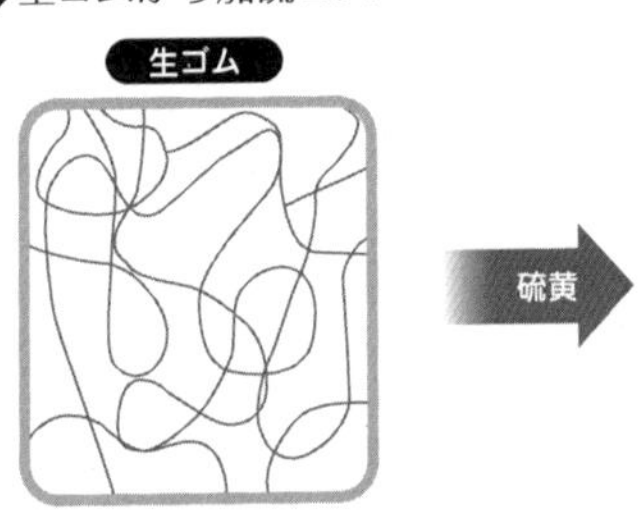

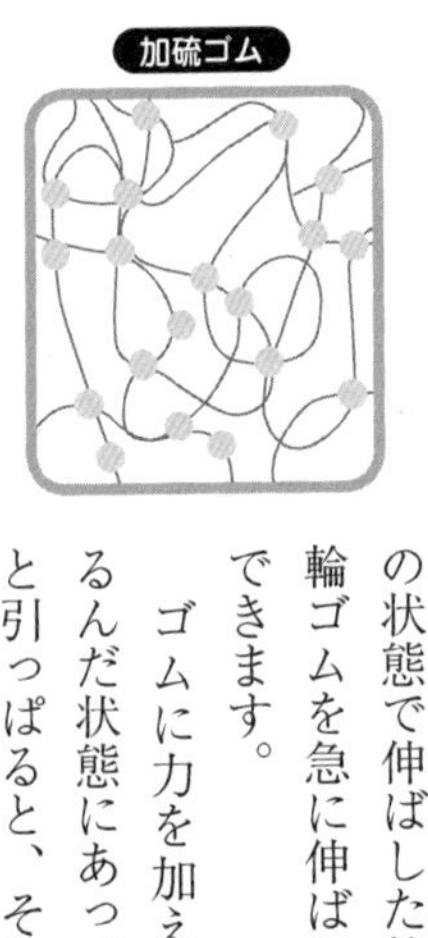

の状態で伸ばした輪ゴムを急に離して縮めたり、縮んだ輪ゴムを急に伸ばしたりすると温度変化を感じることができます。

ゴムに力を加えない状態では、ゴムの長い分子はたるんだ状態にあって、ブルブルと振動しています。ぴんと引っぱると、それまでの振動がしにくくなり、そのぶんのエネルギーが余ってしまいます。その余ったエネルギーでゴムの温度が上がります。

逆に伸ばした輪ゴムを離すと、ブルブルと振動ができるようになり、その振動のためのエネルギーを周りから吸い取るので温度が低くなります。

輪ゴムにぎりぎりの伸びる状態でおもりを下げ、お湯をかけるとどうなるでしょうか。温度が上がるとブルブルと振動が激しくなります。そうすると引き伸ばされた状態のゴムは元に戻ろうとする力が強くなり縮むのです。

水に沈む氷

「氷が水に浮く」のはとても不思議

水は水素と酸素が結びついた水分子からできています。水素は宇宙でもっとも多い元素、酸素は地球の地殻中でもっとも多い元素で、水は地球上においてもっとも平凡な、ありふれた物質だといえるでしょう。

そのためか、液体の水に固体の氷が浮かんでいても何の不思議も感じない人が多いようです。

しかし、「氷が水に浮く」ということは、実は、水という物質の「異常さ」を表しているのです。何千万種類の自然界にあるすべての物質中できわめて珍しいもの、例外といってもいいくらいなのです。

ふつうの物質は、同じ物質の液体と固体では固体のほうが密度が大きいのです。ミクロな目で見れば、物質をつくっている分子は、液体と固体では、固体のほ

◆ふつうの物質の固体と液体の分子の密度

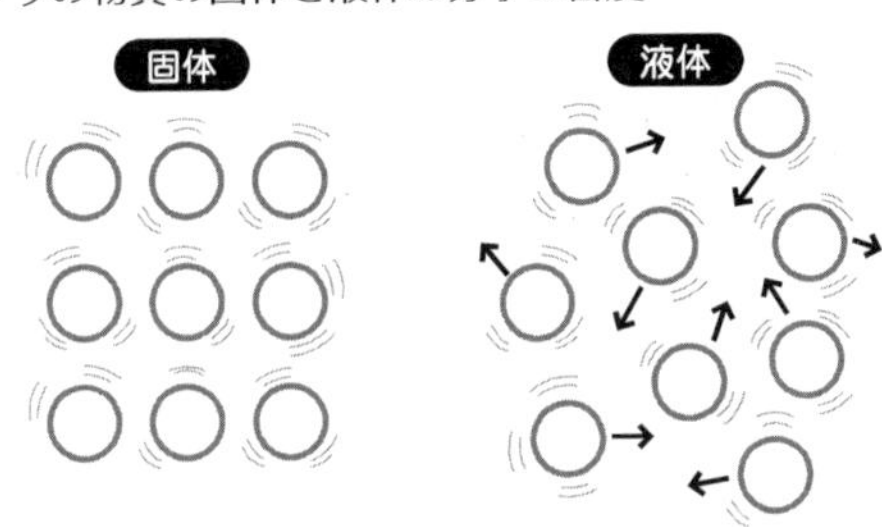

固体では分子は自分の位置で振動しているが、
液体では分子間の距離も固体より開き、
あちこちに移動できる

うがギッシリとした集まり方になっています。

　どちらも、分子と分子はお互いに引きあっています。固体では、分子と分子の距離が近く、引きあう力は強く、それぞれ自分の場所から動けません。液体のほうが分子と分子の距離が空いていて、引きあう力が固体の場合よりも弱く、分子はあちこちに動けます。

　そうした理由により、液体は容れ物によって形が変わるのです。分子があちこちに動けるというのは、液体と固体を比べると、液体のほうの分子一個の運動空間が、少し大きいからです。

　つまり、固体は分子がぎゅうぎゅう詰めで、液体ではそれよりゆとりがあるというわけですね。ですから、ふつうの物質では、固体のほうが密度が大きく、液体の中に入れると沈んでしまいます。

ところが水は、その固体である氷が液体である水に浮きます。氷の密度は、○℃で○・九一六八グラム／立方センチメートル。この氷がとけると、約一○％近く体積が小さくなり、○℃で○・九九九八グラム／立方センチメートルの水になります。温度が上がるにつれて水の密度は大きくなり、三・九八℃で最大値○・九九九九七三グラム／立方センチメートルになります。

以後温度が上がると、今度は水の密度は小さくなっていきますが、水の沸点一○○℃になっても、○・九五八四グラム／立方センチメートルで、氷と比べると約五％大きい値です。

水のように密度が固体＜液体という物質は、ゲルマニウム、ビスマス、ケイ素などごく限られています。寒い冬の夜、水道管が凍って破裂するのは、水から氷になるとき体積が増えることが原因です。

この水の「異常さ」のおかげで、水中の生物は、冬を安全に過ごせます。池や湖などでは、表面の水は外気で四℃まで冷やされるにつれて密度が大きくなり沈んでいきます。最大密度を示す四℃の水が底のほうにいき、水面付近は○℃近い水が

◆湖はなぜ表面から凍るのか？

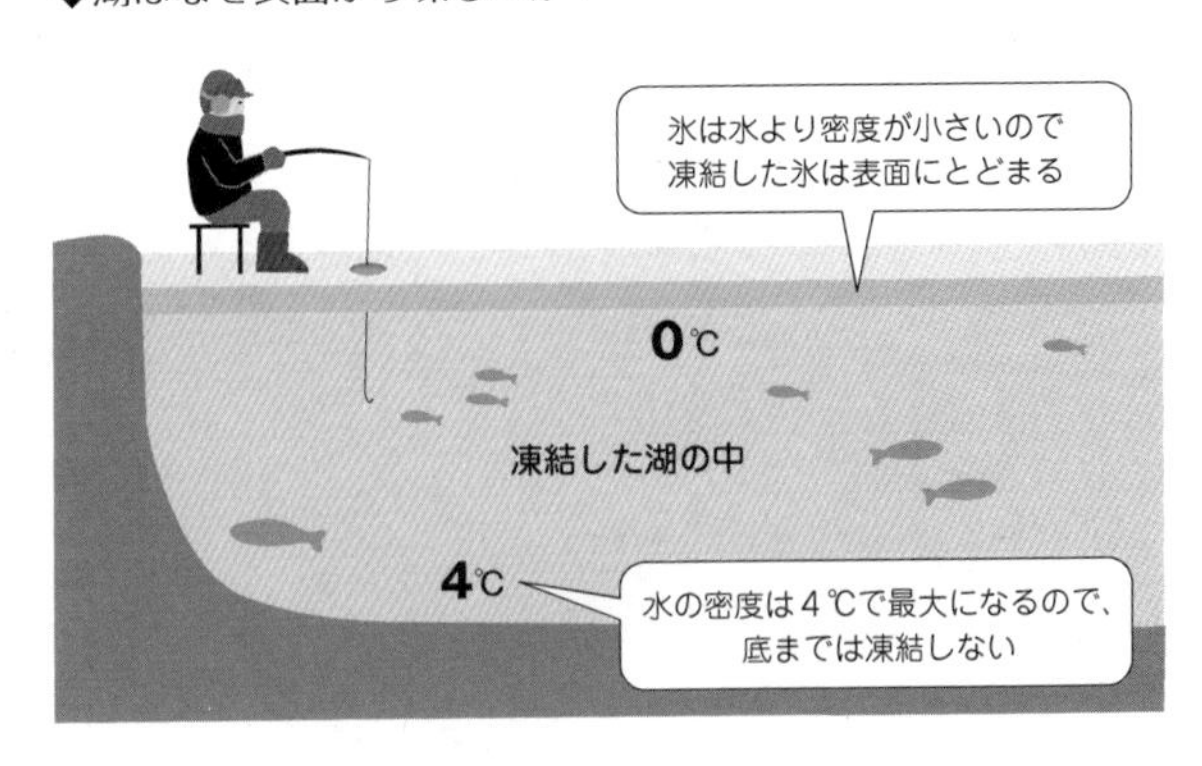

上がってきます。さらに気温が下がれば、水面付近から氷になっていきます。

氷の密度は水よりも小さいので、水面に浮いたままです。水面に氷の層ができれば、氷の層が断熱材のはたらきをして、外気が身を切るように寒い夜でも、水が底まで凍ってしまうのを防いでくれます。

もし、ふつうの物質のように、温度が下がるにつれて体積が小さくなるとしたら悲劇です。冷たい液体は底にたまり、底から凍っていくことでしょう。断熱材のはたらきをするものがないので、やがて上から下までがちがちに凍ってしまいます。これでは、水中の生物は生きられないでしょう。

◆水分子の形

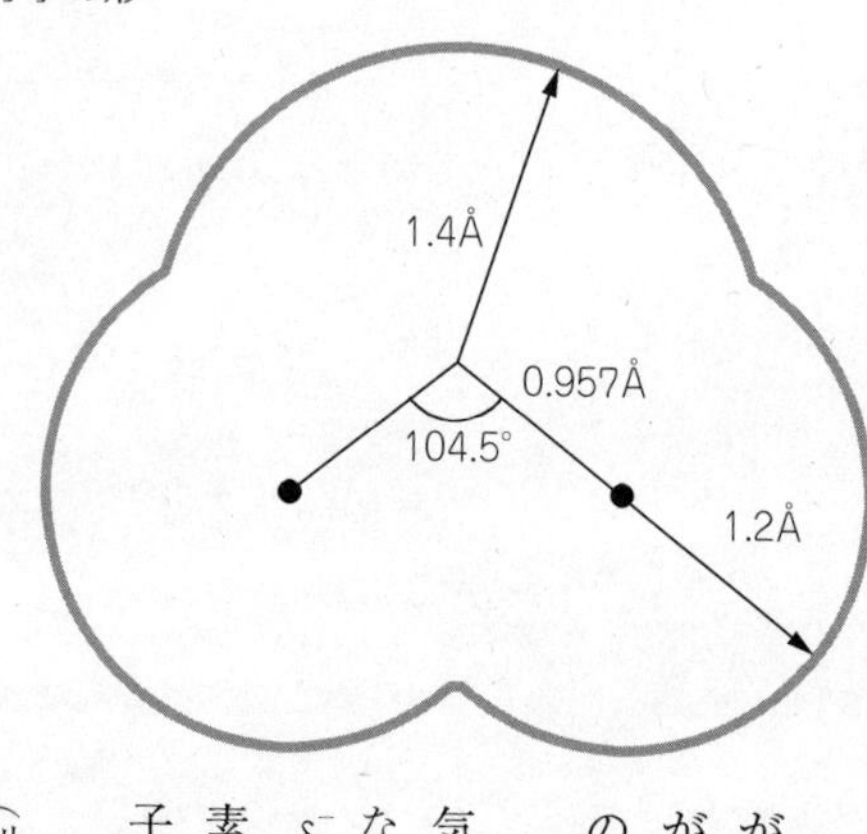

氷は水分子どうしの隙間が多い

水分子の形は、上の図のようであることがわかっています。これは、近似的に直径がほぼ三オングストローム（Å　1Å＝10^{-10}m）の球と見なすことができます。

水分子をつくる水素原子と酸素原子は電気を帯びています。水素原子はδ^{+}（δ（デルタ）は小さな値という意味）の電気を帯び、酸素原子はδ^{-}の電気を帯びています。さらに二つの水素原子が分子の一方に偏っているため、水分子は分子内に電気的な偏りが大きい分子です。

すると、ある水分子の水素原子と近くの（別の）水分子の酸素原子が、分子どうしで＋電気と－電気の引き合いをします。この結

◆水分子内に電気的な偏りがある

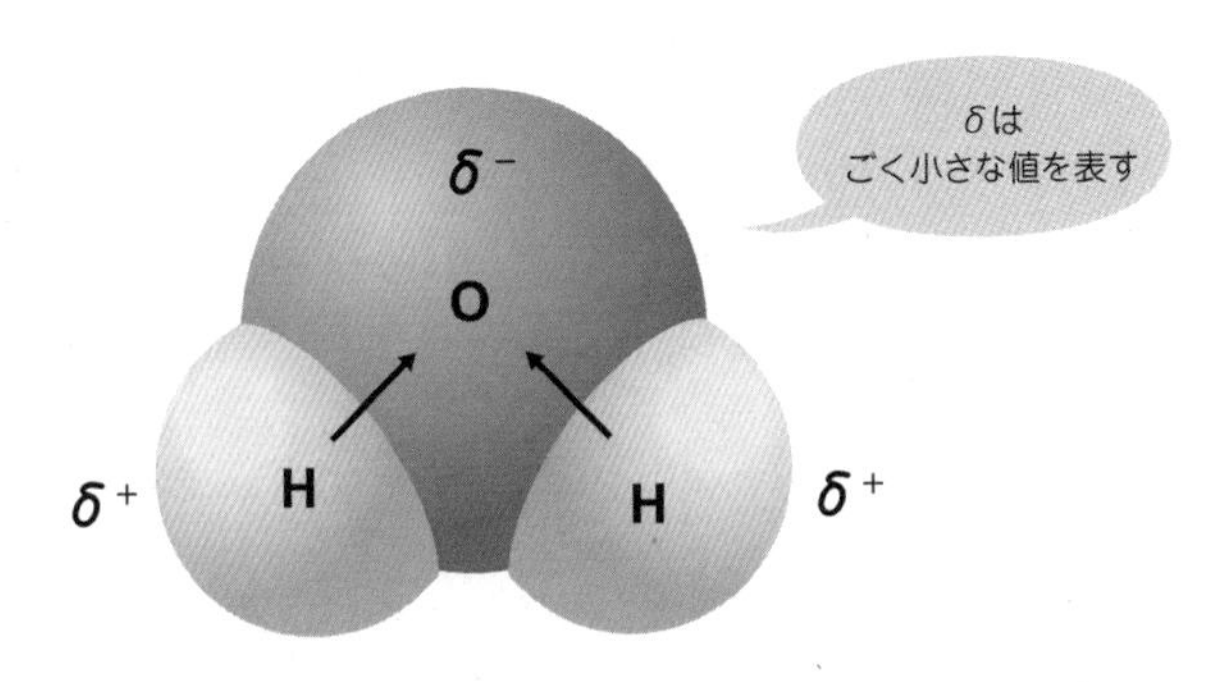

びつきを水素結合といいます。水素結合は、ふつうの分子どうしの引き合いより強いのです。

ふつうの氷は、水分子が水素結合で結びついて結晶になっており、この結晶を上から見ると水分子は六角形の形に並んでいます。雪の結晶もこの構造の集まりですから、六角形になります。

次ページの図からわかるように、氷は隙間が多い構造をしています。とけて液体になると部分的に結晶構造が崩れて、隙間の一部に水分子がより緊密に詰め込まれるので、水が氷よりも高い密度を持つようになるのです。

温度が上がると、隙間を水分子が埋めるので密度が大きくなります。水分子の熱運動

◆ふつうの氷(H_2O)の構造

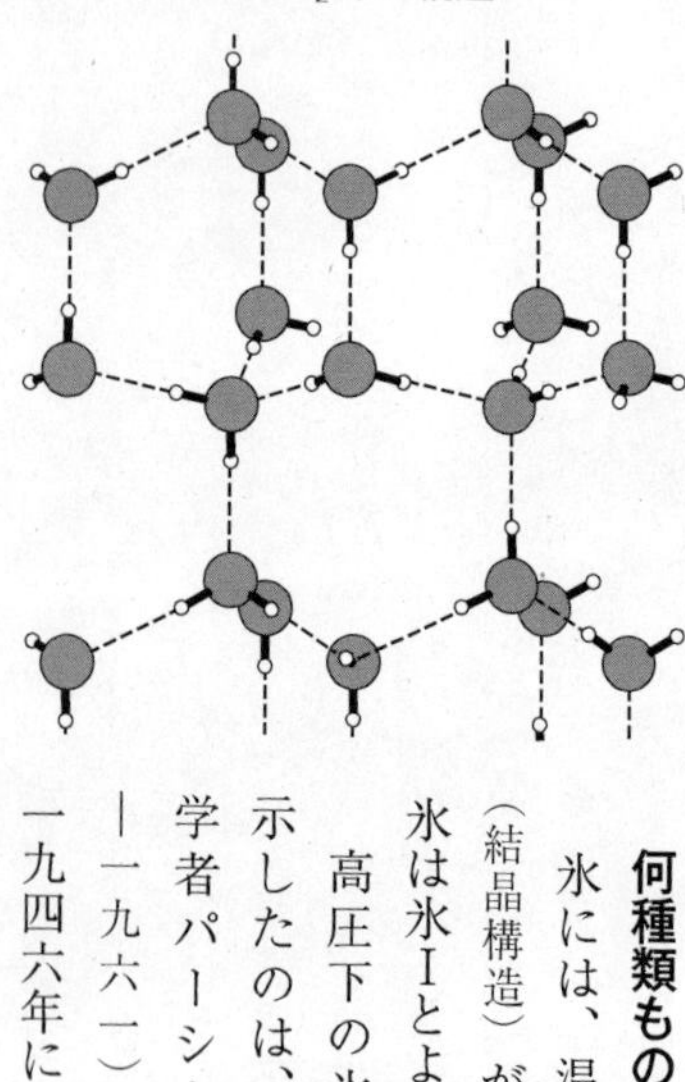

が激しくなると、分子の運動空間が大きくなるので膨張する、つまり密度が小さくなるのです。そのバランスで、四℃までは密度が大きくなり、四℃を超えると密度が小さくなっていきます。

何種類もの氷がある

氷には、温度・圧力によって多くの多形（結晶構造）があります。ふつうに見られる氷は氷Iとよばれるものです。

高圧下の氷がふつうの氷と違うことを示したのは、米国ハーバード大学の物理学者パーシー・ブリッジマン（一八八二―一九六一）です。彼は、高圧の研究で一九四六年にノーベル物理学賞を受賞しています。ブリッジマンは高圧発生装置を工夫して、世界で初めて、水を室温のまま一万気圧以上にまで圧縮して高圧氷をつくることに成功しました。

一万気圧付近でできる氷は氷Ⅵといわれるものです。さらに圧縮して二万気圧付近でできる氷が氷Ⅶとよばれるものです。これらの高圧氷は、密度が一グラム／立方センチメートルより大きい氷、つまり「水に沈む氷」です。

現在では、水に加える圧力や温度を変化させると、実に多様な種類の氷をつくれることがわかっています。二〇〇九年には超高圧で数百度という熱い氷（XV相）がつくられています。

田中岳彦さん（三重県立久居高等学校教諭）は、簡易型の高圧装置を大学等との協力のもとに作成し、高等学校の物理の授業で高校生に氷Ⅵを見せています。

高圧装置には、地球上で一番硬く圧縮するのに向いているダイヤモンドを使います。ダイヤモンドならば無色透明なので、中心で圧縮された水と氷を見ることができるのです。ぼくは映像で高圧氷が水にゆっくりと沈んでいくのを見たことがありますが、是非とも直接この目で見たいと願っています。

おわりに

高校の理科で化学を選択した人は多いことでしょう。しかし、「化学は物理と比べるとわかりやすそうだし、生物よりは覚えることが少ないと思っていたけれど、授業を受けてみると結構難しかった……」という人もいると思います。

しかし、それは教え方に問題があるだけで、化学は本当はとても魅力的な学問です。

食品に含まれる添加物、福島第一原発の事故による放射性物質などの例を見てもわかるように、現在は、化学物質とのつきあい方について、正しい判断力を必要とされる時代です。それにもかかわらず、化学の学習で「化学の面白さや化学とぼくたちの暮らしとの深い関わり」について伝えられていないという状況があります。

ぼくは、「物質の性質・変化を語る化学」という学問の「知的な楽しさ」と共に、化学の理論・実験は、生活や社会と広くつながっていることを実感してもらいたいと願っています。

例えば、本書で取り上げたカルメ焼きは、ぼくが理科の実験として全国に広めたものです。化学変化を学ぶとき、炭酸水素ナトリウム（重曹）の分解を利用したカルメ焼きをつくる。こういった実験を通して、化学を教室内だけにとどまるものではなく、より身近なものとして伝えることを意識してきました。

学校で学ぶ理科の内容をどうするか、学び方・授業の方法をどうするかを専門として研究を続けてきたので「理科は面白くない！」という声を聞くと、とても悲しくなります。確かに、無味乾燥でつまらない内容を覚えるだけの理科なら面白くないでしょう。

そこで本書では、話の続きが気になるようなエピソードを織り交ぜながら、化学の理論をできるだけやさしく展開することを心がけました。

最先端の科学ではなくて、科学の基本にあたる内容でも「とても面白い！」ものなのだということを少しでも示すことができたら幸いです。

二〇一一年三月　左巻健男

文庫版あとがき

ＰＨＰ文庫版になるにあたり、全体を読み直してみました。読了して、本書執筆のきっかけや執筆に集中していた時期を思い起こしました。

本書を書く前に、ぼくは『面白くて眠れなくなる物理』を出したばかりでした。その本を引き受けたときに、「書き終えたら、化学でも書かせてほしい」と頼んだこと、「化学でも企画が通りましたよ」と言われて、一心不乱に本書を書き上げたことを思い出したのです。

ぼくは、長く中学校・高等学校の理科教員を務めました。そのとき、化学の授業は、いつも平明なもの、生徒の興味をひくもの、本質的なもの、を目指すべきだと思って取り組んできました。

マイナス二〇〇℃近い低温の液体窒素でいろいろなものを冷やしたり、カルメ焼きに熱中するような、「物質にいつも触れる、物質が身近になる、物質の世界が見えてくる」ような化学の授業をしたかったのです。

そのような、物質に触れあう実験だけではなく、新しい世界を広げてくれる知識も大切と思い、いつも原子論というミクロなレベルの理論とともに、物質の性質や物質の変化といったマクロなレベルの世界を統一することも意識しました。さらに、その理論と実験が生活や社会と広くつながっていることを大事にしなければならないと思っていました。


本書の内容には、ぼくが長年にわたって理科教員として心がけてきた、そのような化学の授業がバックにあります。

ビジネスマンなどへの調査で、化学は学習して役立たない科目の上位にあげられてしまいます。高校で化学選択者はたくさんいるし、化学物質とのつきあい方について正しい判断力を必要とされる時代だというのに、化学の面白さや生活と化学との関係についてあまり伝えられていないという状況があるようです。

本書は、化学の啓発書として、ちょっと違ったアプローチになっていると自負しています。基礎的・基本的な知識についてはいくつかの別の著作で展開していますが、本書では、ぼくが長年、化学を教えてきた中でその神髄をやさしく伝えたいという心を込めたつもりです。本書が文庫になり、さらに多くの読者に化学の面白さの一端を伝えられるとしたら大変嬉しいことです。

二〇一七年三月　左巻健男

参考文献

千谷利三『燃焼と爆発』槇書店　一九五七年
左巻健男『素顔の科学誌』東京書籍　二〇〇〇年
左巻健男、内村浩『おもしろ実験・ものづくり事典』東京書籍　二〇〇二年
左巻健男『話題の化学物質100の知識』東京書籍　一九九九年
山崎昶『化学なんでも相談室PARTⅡ』講談社〈ブルーバックス〉一九八三年
左巻健男『水はなんにも知らないよ』ディスカヴァー・トゥエンティワン〈ディスカヴァー携書〉二〇〇七年
左巻健男『新しい高校化学の教科書』講談社〈ブルーバックス〉二〇〇六年
日本自然保護協会『野外における危険な生物』思索社　一九八二年
左巻健男（編集長）『RikaTan（理科の探検）』誌

著者紹介
左巻健男（さまき・たけお）
法政大学教職課程センター教授。1949年生まれ。栃木県出身。千葉大学教育学部卒業。東京学芸大学大学院修士課程修了（物理化学・科学教育）。中学・高校の教諭を26年間務めた後、京都工芸繊維大学アドミッションセンター教授を経て2004年から同志社女子大学教授。2008年より法政大学生命科学部環境応用化学科教授。2014年より現職。『面白くて眠れなくなる化学』『面白くて眠れなくなる地学』『面白くて眠れなくなる理科』『面白くて眠れなくなる物理』（以上、ＰＨＰエディターズ・グループ）、『新しい高校物理の教科書』『新しい高校化学の教科書』（以上、講談社ブルーバックス）、『水はなんにも知らないよ』（ディスカヴァー携書）、『ニセ科学を見抜くセンス』（新日本出版社）など編著書多数。

この作品は、2012年３月にＰＨＰエディターズ・グループより
刊行された。

PHP文庫　面白くて眠れなくなる化学

2017年4月17日　第1版第1刷
2022年6月2日　第1版第6刷

著者　左巻健男
発行者　永田貴之
発行所　株式会社PHP研究所
東京本部　〒135-8137　江東区豊洲5-6-52
PHP文庫出版部　☎03-3520-9617(編集)
普及部　☎03-3520-9630(販売)
京都本部　〒601-8411　京都市南区西九条北ノ内町11

PHP INTERFACE　https://www.php.co.jp/

制作協力
組版　株式会社PHPエディターズ・グループ

印刷所
製本所　大日本印刷株式会社

　ISBN978-4-569-76725-3

PHPの本

面白くて眠れなくなる数学者たち

桜井 進 著

ベストセラー『面白くて眠れなくなる数学』シリーズ。数学者の奇想天外なエピソードと文系でもわかる数学のはなし。

PHPの本

面白くて眠れなくなる数学

桜井 進 著

数学は、眠れなくなるくらいに面白い！
文系の人でも楽しめる、ロマンとわくわく
に満ちた数学エンターテインメントの世界
へようこそ。

PHPの本

面白くて眠れなくなる地学

左巻健男 編著

大陸、火山、大気、外洋から宇宙まで。本書は、身近な話題を入り口に楽しく地学（地球科学）がわかるようになる一冊。

PHPの本

面白くて眠れなくなる植物学

稲垣栄洋 著

ベストセラー「面白くて眠れなくなる」シリーズの植物学版。身近なテーマを入り口に、植物のふしぎ、植物学の奥深さを伝える一冊。

PHPの本

面白くて眠れなくなる人類進化

左巻健男 著

ヒトの体と心がどのような生物に起源をもち進化してきたかを様々なエピソードで紹介。太古の生物からヒトへ続くドラマチックな進化の話。

PHPの本

面白くて眠れなくなる元素

左巻健男 著

累計50万部突破のベストセラーシリーズ！
身近な物質、話題を入り口に、元素の面白さや奥深さを伝える一冊。

PHPの本

よくわかる元素図鑑

左巻健男／田中陵二　共著

いままででもっとも美しくてわかりやすい、元素図鑑の決定版。思わず見とれてしまう元素写真と、優しくていねいな解説による一冊。

PHP文庫

面白くて眠れなくなる物理

左巻健男　著

透明人間は実在できる？　空気の重さはどれくらい？　氷が手にくっつくのはなぜ？　身近な話題を入り口に楽しく物理がわかる一冊。

PHP文庫

面白くて眠れなくなる理科

左巻健男 著

大人も思わず夢中になる、ドラマに満ちた自然科学の奥深い世界へようこそ。大好評『面白くて眠れなくなる』シリーズ！